BASIC CHEMICAL

ベーシックケミカル 改訂版

日本パーマネントウェーブ液工業組合:著
Japan Permanent Waving Lotion Industry Association

この本は、2006年に発刊された「BASIC CHEMICAL」の改訂版です。今の時代に即した情報を新たに加えて、美容師にとって必要なケミカルの基礎知識を網羅しました。読者のみなさんがサロンワークで使用されている薬剤の基本が、この1冊で分かります。

1テーマごとに見開き2ページ。左ページは文章、右ページはイラストや写真などで展開。難しいと思われがちなケミカル知識が、一目で分かるような構成になっています。パーマ、ヘアカラー、シャンプー、トリートメントなどの毛髪への作用や影響は、言葉（文章）だけでなく、ビジュアル（イラストや写真など）と合わせてイメージしてみましょう。

きっとより理解が深まるはずです。

CONTENTS 目次

Chapter 1　毛髪科学　*Hair Science*　　7

①毛髪内部の基本的な構造 ……………………………… 8
〈資料〉毛髪の階層構造 …………………………………… 10
②毛髪はどんな成分からできている？ ………………… 12
③毛髪内部の三つの結合 ………………………………… 14
④毛髪と皮膚 ……………………………………………… 16
⑤毛髪の種類と特徴 ……………………………………… 18
⑥ダメージの原因とダメージ毛の特徴 ………………… 20

Chapter 2　皮膚科学　*Dermatology*　　23

①健康な皮膚の基本的な構造とその働き ……………… 24
②肌トラブルを防ぐための対策 ………………………… 26

Chapter 3　シャンプー＆ヘアトリートメント　*Shampoo & Hair Treatment*　　29

①シャンプー剤が汚れを落とす仕組み ………………… 30
②シャンプー剤の種類と構成成分 ……………………… 32
③ヘアトリートメント剤の働き ………………………… 34
④ヘアトリートメント剤の構成成分 …………………… 36
⑤前処理・後処理としてのシャンプー＆トリートメント … 38

Chapter 4　パーマ＆カーリング　*Permanent Wave*　　41

①パーマのかかる仕組み（Ⅰ）側鎖結合の切断と再結合 … 42
②パーマのかかる仕組み（Ⅱ）結晶領域と非結晶領域 … 44
③パーマ剤1剤（＆カーリング料）の基本組成 ……… 46
④パーマ剤2剤（＆カーリング料）の基本組成 ……… 48
⑤パーマ剤の見分け方 …………………………………… 50
⑥カーリング料の特徴 …………………………………… 52
⑦「水巻き」と「付け巻き」はどう違う？ …………… 54
⑧軟化と放置タイムの関係は？ ………………………… 56
⑨中間水洗はなぜ必要？ ………………………………… 58
⑩2剤の役割と種類 ……………………………………… 60
⑪薬剤選定の基本的な考え方 …………………………… 62
⑫ホット系ってなに？ …………………………………… 64

Chapter 5 ストレートパーマ *Hair Straightening* 67

①ストレートパーマの仕組みと種類 68
②髪は熱で変性する？ 70
③ビビリ毛発生の原因と対策 72

Chapter 6 ヘアカラーⅠ（染毛剤） *Hair Dye* 75

①メラニン色素と毛髪の色の関係 76
②染毛剤の種類と特徴 78
③酸化染毛剤の染毛の仕組み 80
④過酸化水素（ＯＸ）濃度による脱色・染色の違い 82
⑤イメージ通りに染毛するための考え方 84
⑥同じ色味（色調）の染毛剤の選び方 86
⑦塗布順の重要性 88
⑧低アルカリタイプの特徴 90
⑨褪色の仕組みと予防法 92
⑩1剤、2剤混合、放置時間の重要性 94
⑪黒染めを明るくする方法 96
⑫カウンセリングの重要性とパッチテスト 98

Chapter 7 ヘアカラーⅡ（染毛料） *Hair Color* 101

①染毛料の染毛の仕組み 102

Chapter 8 スタイリング *Hair Styling* 105

①スタイリング剤の種類と特徴 106

基礎用語集 109

column 1 タンパク質とPPTとアミノ酸 22
column 2 酸性・中性・アルカリ性 28
column 3 界面活性剤 40
column 4 化粧品と医薬部外品では何が違うの？ 66
column 5 酸化と還元 74
column 6 ヘアカラーの外箱表示について 100
column 7 ヘアカラーとパーマの同日施術提案 104
column 8 シリコーンについて 108

Chapter 1

Hair Science

毛髪科学　〜正しい毛髪診断をするために〜

古代エジプトのミイラにも毛髪は残っていると言います。
なぜ、毛髪はそのように強靭で丈夫な性質を持つのでしょうか。
毛髪を知るには、その化学的な性質や成り立ちを知ることが重要です。
この章で毛髪を深く知ることは、パーマやカラーの施術、
ダメージケア、ヘアスタイリングなどに必ず役立つことでしょう。

Chapter 1　**①**　　　　　　　　　　BASIC STRUCTURE of HAIR

毛髪内部の基本的な構造

毛髪は"のり巻き"のように三つの層からできている

毛髪の構造は"のり巻き"に例えられるように、外側からキューティクル（毛小皮）、コルテックス（毛皮質）、メデュラ（毛髄質）の三つの層からなります。

まず"のり"に例えられる一番外側のキューティクルは、魚の鱗のように透明な硬いもので、根元から毛先に向かって"竹の子の皮"のように数枚（4枚〜8枚程度）が重なっています。

このキューティクルにより、毛髪はブラッシングやコーミングなどの外部刺激から内部を保護しています。同時に、健康なキューティクルは水をはじく性質があり、水や薬剤（パーマ剤や染毛剤など）が毛髪中に浸透するのを妨ぐ働きも持ちますので、本来毛髪は損傷し難い構造となっています。

しかし、内部を守るよろいの働きをするキューティクルも、過度なパーマ処理や染毛の繰り返しなどではがれやすくなり、このような状態に無理な力（強い力でのブラッシングなど）が加わると、キューティクルに乱れが生じてしまいます。

そして、これが進行すると、毛髪の内部（コルテックス）が露出してしまいます。このような状態になると、毛髪が乾燥したり、ツヤがなくなったりといった毛髪損傷が起こることになります。

次に、のり巻きの"ご飯"に当たる毛髪の最も多い部分が、コルテックス（毛皮質）です。毛髪は、縦に裂ける性質があり、これは毛皮質の構造が縦につながっているためです。

ここには、毛髪の色を決定するメラニン色素があります。ヘアカラーをすることによって毛髪の色が変わるのは、このコルテックスに薬剤が作用しているからです。また、パーマは、毛髪の形状を変える（ウェーブやストレートに毛髪の形を変える）ことができますが、これもコルテックスにパーマ剤が作用して、効果を発揮します。

コルテックスは、キューティクルとは異なり、水となじみやすい性質を持っています。過度のパーマ処理や染毛の繰り返しなどで、その構成物であるタンパク質の流出や変性が起こります。そうすると、水分を保持する能力が低下して、毛髪がパサついたり、パーマの作用する部位やヘアカラーの染着する部位が少なくなったりして、薬剤の効果や持続性にも悪影響を与えるようになります。

最後にのり巻きの"具"に当たるのがメデュラ（毛髄質）で、毛髪の中心部分を指します。メデュラは毛髪に必ずあるとは限らず、細い髪や生えたばかりの髪にはない場合もあります。

事実、他の動物では、メデュラが異常に大きく、体温を保つのに都合が良い場合もあります。最近では毛髪のツヤに関して、メデュラは深い関係があると考えられています。

毛髪の三層構造（イメージ）

Hair Science

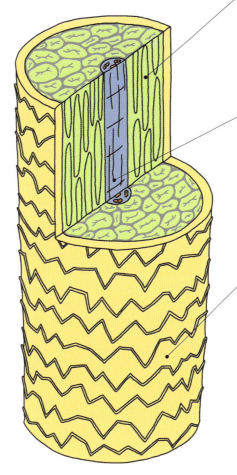

毛先 ↕ 根元

コルテックス（毛皮質）
毛髪の最も多くの部分を占め、縦につながった構造です。水となじみやすい性質を持ちます。

メデュラ（毛髄質）
毛髪の中心部分で空洞化しています。この部分の大きさが、毛髪のツヤと深く関係すると言われています。

キューティクル（毛小皮）
透明で硬く、根元から毛先に向かって4枚～8枚程度が重なっています。水をはじく性質があり、コルテックスを保護しています。水となじみにくいのでパーマ剤や染毛剤などの浸透を妨げる働きもあります。

健康毛（20歳女性）

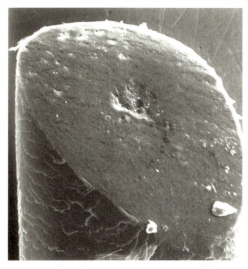

健康毛は、キューティクルがしっかり重なり合っており、内部はコルテックスが大部分を占めています。

Chapter 1

HIERARCHIC STRUCTURE

〈資料〉毛髪の階層構造（イメージ図）

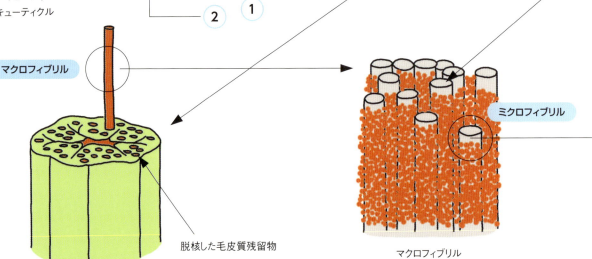

3／エンドキューティクル
2／エキソキューティクル
1／エピキューティクル

最新科学で解明された毛髪内部の"超ミクロ"の世界

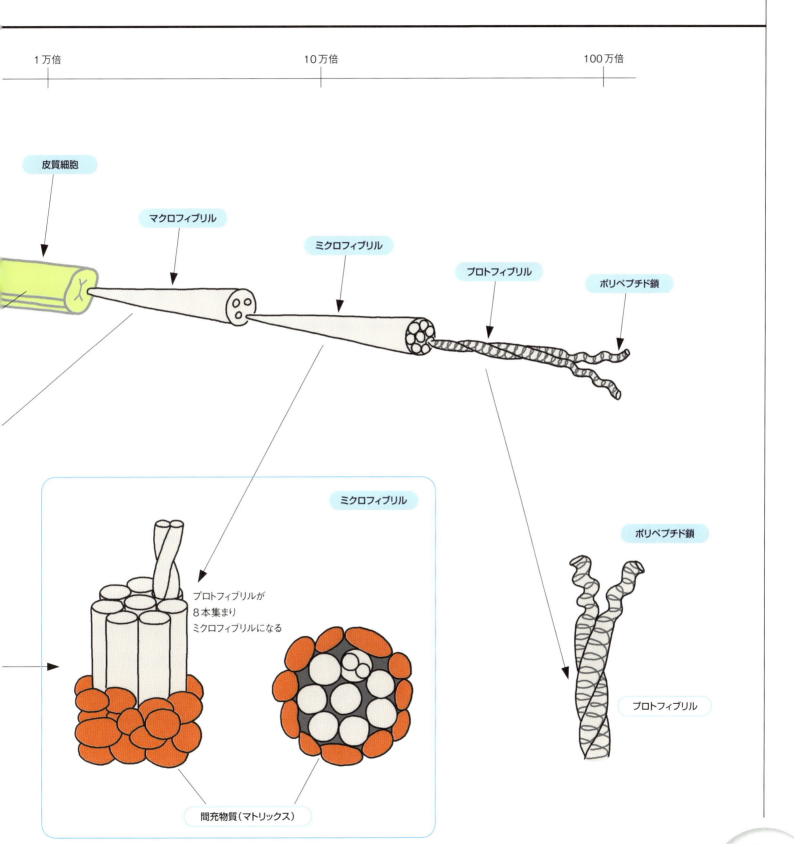

Chapter 1 **2**

COMPOSITION of HAIR

毛髪はどんな成分からできている？

毛髪の約80%はケラチンタンパク質が占めている

人体を構成している成分は、水が約70%、タンパク質約15%、核酸（遺伝子）約7%、炭水化物約3%、脂質約2%、その他は微量元素などです。その主要成分がタンパク質で、その構成成分がアミノ酸です。

生体のタンパク質は常にその一部が分解され、新しいものと置き換わっており（新陳代謝）、その寿命の短いもので数分、長いもので数十日と言われています。タンパク質やアミノ酸を毎日のように摂取しなければならないのはこのためで、バランスの良い食事が健康な身体を維持します。

毛髪も例外ではなく、血液中からアミノ酸や毛髪を作る働きを助けるミネラルなどを毛母細胞に取り込んで、毛髪となるケラチンタンパク質を作り上げています。毛母細胞の細胞分裂は身体の中でも最も活発な活動をしているところです。

毛髪が一日に伸びる長さは約0.4mmです。毛髪は約10万本ありますから、その85%が成長期の活動をしている毛母細胞とすると、一日に34m（毛髪1本につなげると）伸びることになります。つまり毛母細胞は34mのケラチンタンパク質を毎日作り出しているということです。

毛髪の成分は、このケラチンタンパク質が80〜90%、水分10〜15%、脂質1〜9%、メラニン色素3%以下、その他は微量元素です。毛髪の主成分のケラチンタンパク質は、約18種類のアミノ酸からできており、シスチンを多く含んでいます（14〜18%）。このため、他のタンパク質と比べて腐敗しにくく、化学薬品に対して耐性があり、物理的強度も強く、弾力も大きいことが特徴です。

ケラチンタンパク質に次いで多いのが、水分です。通常の空気中で、毛髪には10〜15%の水分が含まれていま

す。洗髪した直後では30〜35%、ドライヤーで乾燥させても10%前後の水分を保持しています。毛髪は傷んでくると水分を保持する力が弱くなり、水分量が少なくなるので、毛髪の損傷度合いの目安となります。

毛髪は湿度の変化に敏感で、湿度の変化とともに毛髪中の水分量も変化します。水分量が多すぎると髪のコシが失われ、少なすぎると髪のパサつきや光沢などに大きく影響を与えます。

毛髪中の脂質は、毛髪内部に存在する皮脂と、頭皮の皮脂腺から分泌された皮脂（毛髪に付着し、一部は毛髪内部に浸透）とがあります。どちらも組成的にはほとんど違いはなく、毛髪を保護し、乾燥を防ぐ働きをします。

メラニン色素は、髪の色を決定する成分です。毛母細胞に存在するメラノサイト（色素細胞）の中で、アミノ酸のひとつのチロシンを原料として酸化重合され、メラニンという色素になり、ケラチンタンパク質に取り込まれます。

毛髪中に微量元素は、約0.5〜0.9%含まれています。その微量元素には、鉄、銅、カルシウム、マグネシウムなどの金属の他、リン、ケイ素等の非金属を含め30種類ぐらいの無機成分が含まれていると報告されています。これらの微量元素は、チリ、ホコリ、頭髪化粧品等の外部からの付着、または体内からの蓄積によるもの、あるいは毛母細胞の分裂増殖の際に不可欠な成分として、必然的に存在するものなどが考えられます。

毛髪は有害な金属を体外に排泄する役割があるといわれ、毛髪中の微量金属を測定することで、身体の物質代謝の異常を察知し、健康状態を知ることができます。

ケラチンタンパク質とコラーゲンタンパク質

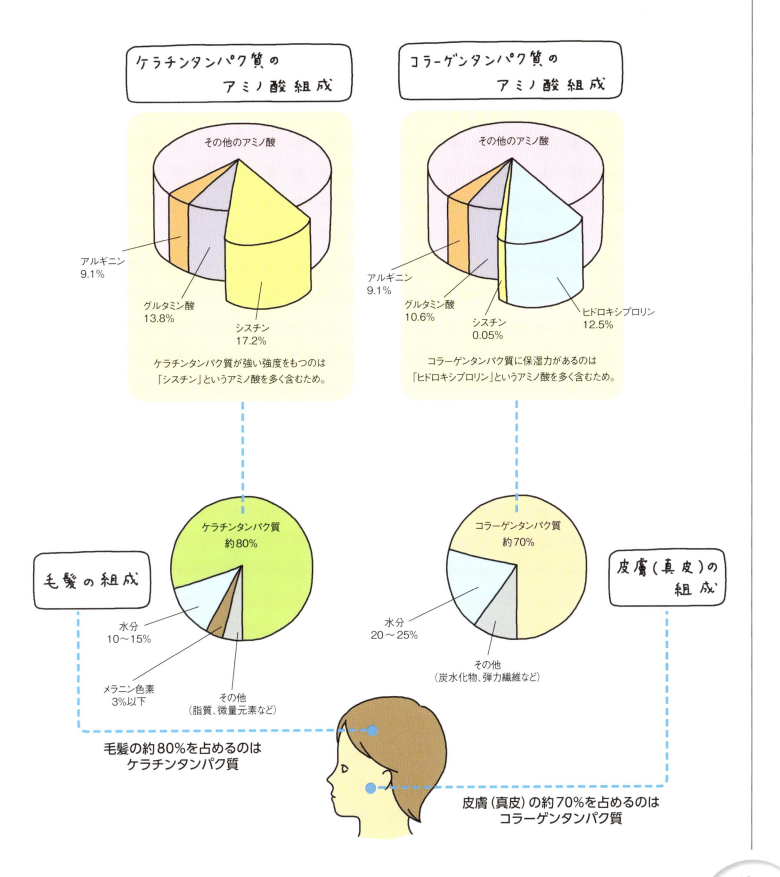

Chapter 1 ③   **INTERNAL STRUCTURE of HAIR**

毛髪内部の三つの結合

> 「ジスルフィド結合」「塩結合」「水素結合」の三つの側鎖結合が髪を支えている

人間の身体を構成している主要成分であるタンパク質は、生物体、特に動物体の構成および機能にとって欠くことのできない重要な物質で、脂肪・炭化水素とともに三大要素の一つです。

タンパク質は20種類のアミノ酸からなる高分子化合物で、その種類は多く、現在、明確にその存在が知られているのは、筋肉や内臓などを構成する「細胞の本体」、生体内物質の分解、合成やエネルギー生成を行う「酵素類」、生理を調整する「ホルモン」、免疫の抗体、酸素を運ぶ赤血球の「ヘモグロビン」、生体の構造を維持する「細胞膜」や「コラーゲン」等です。

前項にもあるとおり、毛髪の主成分であるケラチンタンパク質は、18種類のアミノ酸からできているタンパク質の一種です。ケラチンタンパク質には、他のタンパク質にはほとんど存在しない、シスチンというアミノ酸が多量に含まれているのが特徴です。

タンパク質は、アミノ酸とアミノ酸の結合によって作られるもので、その結合を「ペプチド結合」といいます。この結合が次々に繰り返されて長い鎖状になっています。明確な区分はありませんが、一般的に分子量が1万程度までをポリペプチド（PPT）と呼び、それ以上の高分子化合物をタンパク質と呼びます。

ケラチンタンパク質は、このポリペプチドを主鎖としたラセン状の構造をしています。このポリペプチド主鎖が無数に集まってケラチンタンパク質となり、1本の毛髪となります。ポリペプチド主鎖は、隣り合った主鎖同士が横につながる「側鎖結合」と呼ばれる架橋結合で結びついています。この横のつながりが強度や弾力などいろいろな特性をケラチンタンパク質に与えています。側鎖結合には、「ジスルフィド結合」「塩結合」「水素結合」などがあります。

以下に、その三つの結合について説明します。

①ジスルフィド結合（シスチン結合）

この結合は、イオウを含んだタンパク質に特有なもので、ケラチンタンパク質を特徴づけている重要な結合です。他の天然繊維（絹・木綿など）や合成繊維には見られない側鎖結合です。機械的には強固な結合ですが、化学的な反応を受けると切断されます。また、再び結合させることもできます。パーマ剤（縮毛矯正剤も含む）は、この化学的性質を利用したものです。

②塩結合（イオン結合）

隣り合ったポリペプチド主鎖同士のアミノ基の(+)とカルボキシル基の(−)が電気的（イオン的）に結びついた結合です。なお、電気的に結合したものを「塩（えん）」と呼びます。

毛髪の塩結合は、pH4.5〜5.5の範囲（等電点といいます）のときに結合力は最大となり、ケラチンタンパク質はもっとも安定した丈夫な状態になります。酸やアルカリによってpHが等電点より酸性側あるいはアルカリ側に傾くほど、この結合は弱くなります。

③水素結合

この結合は水で簡単に切断されますが、乾燥する（水分を取り除く）ことによって再結合します。弱いけれど、数が多い結合です。ブローによるセットや寝グセは、この水素結合の力によるものです。

毛髪内部の結合（イメージ図）

Hair Science

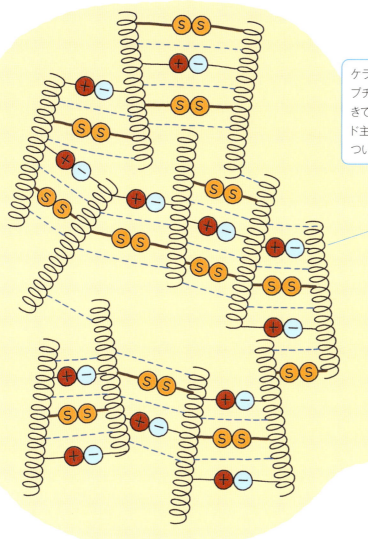

ケラチンタンパク質は、ポリペプチド主鎖が無数に集まってできており、隣り合ったポリペプチド主鎖同士は側鎖結合で結びついています。

ポリペプチド鎖

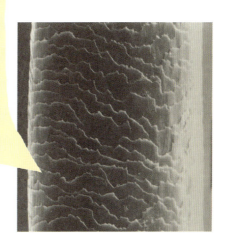

①
ジスルフィド結合（シスチン結合）

イオウを含んだタンパク質に特有な側鎖結合で、ケラチンタンパク質を特徴付ける重要で強固な結合です。パーマは、この結合を切断・再結合します（S-S結合とも表記します）。

②
塩結合

隣り合ったペプチド主鎖同士が電気的（＝イオン的）に結びついた結合です。pH4.5～5.5で結合力は最大となり、毛髪は最も安定した丈夫な状態になります。ジスフィルド結合よりも弱く、水素結合よりも強い結合です。

③ - - - - - - - -
水素結合

弱い結合ですが、数が多い結合です。水で簡単に切断され、乾燥する（水分を取り除く）ことによって再結合します。

Chapter 1 ④　　　HAIR and SKIN

毛髪と皮膚

毛髪はケラチンタンパク質、皮膚はコラーゲンタンパク質が主成分

毛髪は、皮膚器官の一つである毛包で作られ、死んだ細胞の集合体となって皮膚上に毛幹として現れます。そして、毛髪も皮膚もさまざまなアミノ酸が多数結合したタンパク質（プロテイン）からできています。

前項にもあるとおり毛髪は、ケラチンタンパク質と呼ばれる約18種類のアミノ酸からできたタンパク質が主成分（80～90％）です。ケラチンタンパク質は多数のアミノ酸が鎖状に結合したポリペプチド鎖が、ラセン状に合わさった繊維状の構造をしています。ケラチンタンパク質には、他のタンパク質にはほとんど存在しない、イオウを含むシスチンというアミノ酸が多量に含まれているのが特徴で、毛髪の他に動物の蹄（ひづめ）、鳥の羽毛、爪、皮膚の表面（角質層）などがあります。そして、ケラチンタンパク質にはシスチンに由来する結合（ジスルフィド結合またはシスチン結合）でポリペプチド鎖同士が網の目状に強く結ばれているため、水に溶けずに、弾力性を持つという性質があります。

アミノ酸は、酸と塩基（アルカリ）の両方の性質を持つ物質で、この酸とアルカリの力が等しくなるときがあります。その時のpHを等電点といい、毛髪の等電点はpH4.5～5.5の弱酸性です。毛髪内部の結合は、この等電点で最も安定した状態（丈夫な状態）になり、等電点からpHが離れるほど、毛髪は不安定となり、損傷しやすい状態になります。

一方、皮膚は、表側から「表皮」「真皮」「皮下組織」の三層からなり、そこにさまざまな器官が存在します。

頭皮は、他の部位の皮膚と比較して毛包と皮脂腺の多いことが特徴です。この皮脂腺からは皮脂が分泌されます。皮脂は、毛幹部を伝わり毛先まで行き渡り、毛髪を潤します。また、皮脂は皮膚上では汗と混じり合った皮脂膜を形成し、汚れや雑菌の繁殖を防いだり、肌のうるおいを守ったりする作用を持ちます。肌のpHとは、正確にはこの皮脂膜のpHを指し、健康な肌では弱酸性に保たれています。

また、皮膚には自然とアルカリを中和する力があるため、パーマ剤や染毛剤でアリカリ性に傾いても時間が経てば元の正常な状態に戻ります。しかし、健康な皮膚を守るためには、肌の状態を弱酸性に保つことが大切です。

コラーゲンタンパク質は、生体を構成するタンパク質の約30％を占め、全コラーゲン量の約40％は皮膚に、約20％は骨や軟骨に存在しています。コラーゲンタンパク質は、細胞と細胞の間を埋め組織を支えたり、生体のカルシウム代謝を調節したりという重要な働きをしています。

皮膚の真皮の部分には、ネット状に張り巡らされたコラーゲンタンパク質が存在し、肌にハリや弾力を与えています。コラーゲンタンパク質もケラチンタンパク質と同様に、アミノ酸が鎖状に結合したポリペプチド鎖が、ラセン状に合わさった繊維状のタンパク質です。ただし、ケラチンタンパク質とはアミノ酸の組成が異なり、ポリペプチド鎖の中に親水性のアミノ酸を多量に含むことから、保湿性に優れるという性質を持ちます。

ポリペプチド（PPT）は、コラーゲンタンパク質やケラチンタンパク質を分解して小さくしたもので、構成成分であるアミノ酸単体よりも分子量が大きいため保護皮膜を作りやすいことや、原料としての性質を備える（加水分解ケラチン：一般的にハリ・コシ作用、加水分解コラーゲン：一般的に保湿作用）ことから、化粧品原料として汎用されています。

皮脂の伝わり方と働き

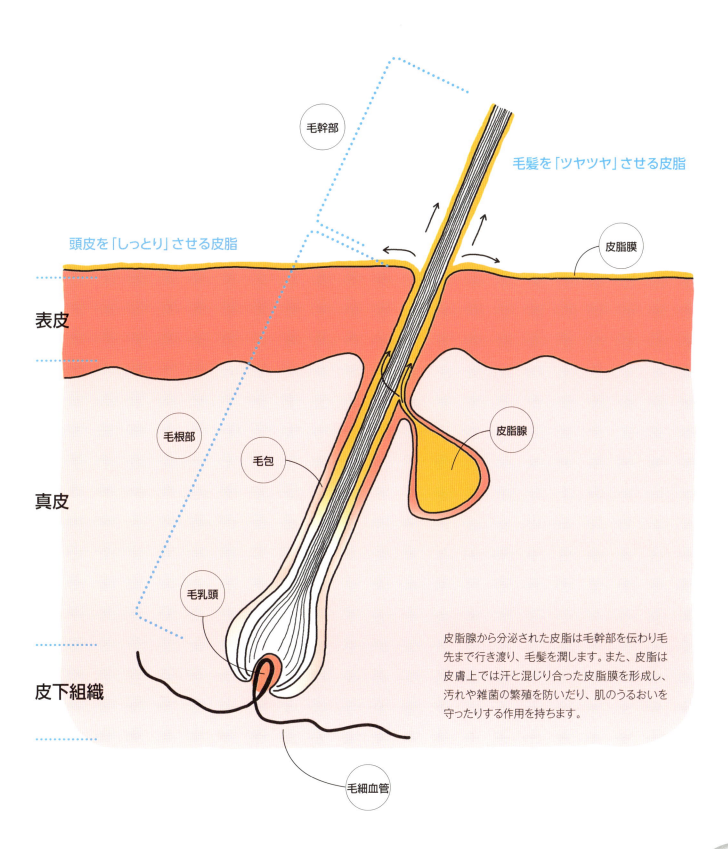

皮脂腺から分泌された皮脂は毛幹部を伝わり毛先まで行き渡り、毛髪を潤します。また、皮脂は皮膚上では汗と混じり合った皮脂膜を形成し、汚れや雑菌の繁殖を防いだり、肌のうるおいを守ったりする作用を持ちます。

Chapter 1

THE TYPES and CHARACTERISTICS of HAIR

毛髪の種類と特徴

毛髪は個人差が大きく、毛髪診断が大切

毛髪は、個人差が大きく千差万別で、毛髪の状態を表す表現も、太い・細い、硬い・軟らかい、油っぽい・乾燥している、弾力がある・コシがない、色が黒い・茶色い・白い、まっすぐである・縮れている、健康毛・ダメージ毛など様々であり、その表現の仕方も個人差が大きいものです。このような違いを理解することは、施術前に行う毛髪診断のために大変重要です。

①健康毛とダメージ毛

日光やホコリ、ドライヤーの熱やブラシの摩擦、パーマ施術やヘアカラー施術の過度の繰り返しなど、毛髪は様々な影響で損傷し、毛髪の性質も変わります。

健康な毛髪は、水をはじき弾力がありますが、ダメージが進むと水を吸収しやすくなり、弾力も失われます。これは、毛髪が損傷するとキューティクル（毛小皮）の重なりが薄くなることが主な要因です。

キューティクルは、本来水をはじく性質（撥水性）を持つため健康毛は撥水性毛となり、キューティクルの薄いダメージ毛は親水性である毛皮質が露出し、水に濡れやすい吸水性毛となります。

撥水性毛はパーマ剤やヘアカラー剤などの薬剤の浸透を妨げ、吸水性毛は薬剤が浸透しやすいので、得られる効果に大きく影響します。

②根元と毛先

毛髪は1か月で約1cmほど伸びますので、1本の毛髪でも毛先は10cmならば10か月間、30cmならば約2.5年の間、様々なダメージ要因に曝されます。そのため、根元付近は健康でキューティクルが整っていても、毛先ではダメージを受けてキューティクルが薄いという不均一な状態になっています。

③直毛と縮毛

髪が広がる、まとまらないといったくせ毛で悩む方は多いですが、日本人の髪は直毛に近く、強度のちぢれ毛の方は稀です。直毛とちぢれ毛では毛根の形状が異なり、直毛はまっすぐに毛根が伸び、ちぢれ毛では湾曲しています。また、毛髪断面の形状も、直毛の断面は円形に近く、縮毛の断面は楕円形で、ちぢれの程度が強いほど偏平に近くなります。それに加えて、ちぢれ毛は太さも不均一で、特にブラシ等の摩擦を受けやすく、不均一なダメージを受けやすいという特徴を持ちます。

④黒髪と白髪

白髪はパーマがかかり難く落ちやすい、ヘアカラーが染まり難いなど黒髪とは性質が異なると思われている方が多いと思います。黒髪と白髪ではメラニン色素の有無以外に基本的な性質や構造は変わりませんが、メラニン色素に含まれる微量の金属が染毛等に影響を及ぼすことが知られるようになってきています。

また、細い毛には白髪が少ないという報告もありますので、白髪には太い毛が多いということが施術の効果に影響しているのかも知れません。

⑤日本人と欧米人

一般的に、欧米人の毛髪は細いがコシがあり、日本人の毛髪は太いがコシがありません。これは、キューティクルの厚さが欧米人のほうが密で厚いことによります。そして、薬剤の作用や摩擦などの物理的ダメージも欧米人の毛髪のほうが受け難いという特徴があります。

直毛とクセ毛

Hair Science

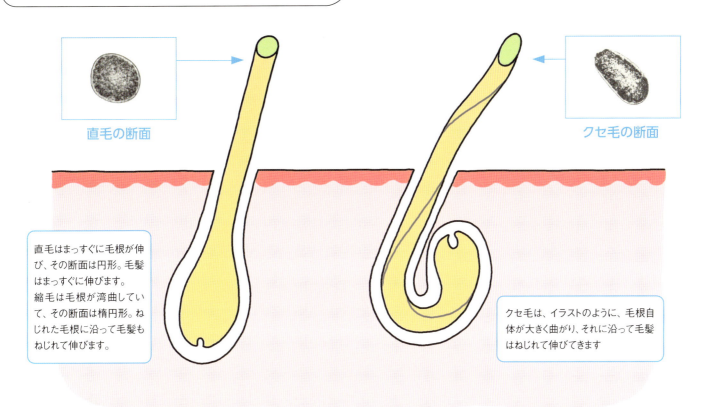

直毛の断面

クセ毛の断面

直毛はまっすぐに毛根が伸び、その断面は円形。毛髪はまっすぐに伸びます。縮毛は毛根が湾曲していて、その断面は楕円形。ねじれた毛根に沿って毛髪もねじれて伸びます。

クセ毛は、イラストのように、毛根自体が大きく曲がり、それに沿って毛髪はねじれて伸びてきます

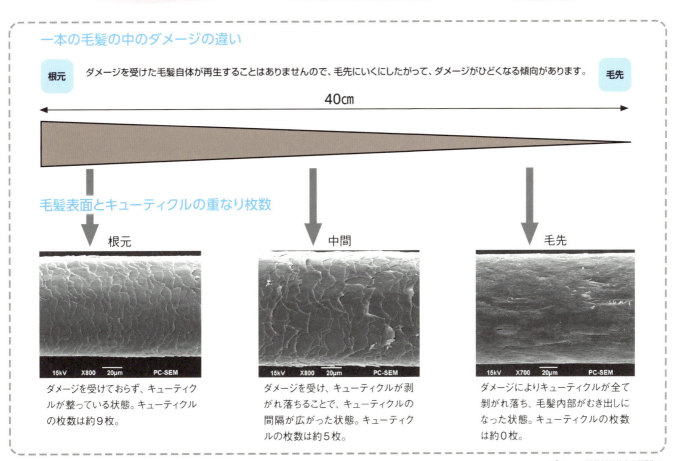

一本の毛髪の中のダメージの違い

根元 ダメージを受けた毛髪自体が再生することはありませんので、毛先にいくにしたがって、ダメージがひどくなる傾向があります。 **毛先**

40cm

毛髪表面とキューティクルの重なり枚数

根元 / 中間 / 毛先

ダメージを受けておらず、キューティクルが整っている状態。キューティクルの枚数は約9枚。

ダメージを受け、キューティクルが剥がれ落ちることで、キューティクルの間隔が広がった状態。キューティクルの枚数は約5枚。

ダメージによりキューティクルが全て剥がれ落ち、毛髪内部がむき出しになった状態。キューティクルの枚数は約0枚。

※「パーマの科学」(新美容出版刊)より

Chapter 1 ⑥　　CAUSES of HAIR DAMAGE and CHARACTERISTICS

ダメージの原因とダメージ毛の特徴

ダメージの原因は色々。それぞれに合った対策が大事

毛髪のダメージには様々な原因が存在し、複合的に影響を与えています。代表的なダメージの原因としては、摩擦によるもの、熱によるもの、紫外線によるもの、パーマやヘアカラーの薬剤によるものなどがあります。

摩擦によるダメージは、外部からの物理的な力によって引き起こされており、日々のシャンプーやタオルドライ、ブラッシング等の様々な場面で起こっています。毛髪の絡まりを取るための過度なブラッシングなどの部分的に強い力が加わった結果、枝毛や裂毛といった一般的なダメージの現象にもつながっています。シャンプーを行う際はしっかりと泡立て、ブラッシング等の際には、クシ通りを良くするための洗い流さないトリートメント等を使用することをお勧めします。

熱によるダメージは、ヘアドライヤーやヘアアイロン、コテ等を使用することによって起こります。毛髪はタンパク質でできているため、生卵に熱を加えてゆで卵になるのと同じように、熱を受けた毛髪中のタンパク質が固まることによって生じます。ダメージは急激に熱がかかった箇所のみ過度な乾燥状態になることで、キューティクルにひび割れが生じたり、膨らんだりすることがあります。熱を利用する器具を使用する際には、施術温度や接触時間に注意することが大切です。

紫外線によるダメージは、太陽光からの紫外線によって、毛髪を構成するアミノ酸が酸化されて起こります。皮膚が紫外線を浴びると日焼けによって赤くなったり、しわが深くなったりするのと同じように、毛髪も紫外線の影響を受けています。

毛髪は皮膚とは違い、紫外線によってダメージを受けたかどうか分かりにくいですが、褪色などの髪の色の変化や、手触りとして現れますので、過度に直射日光を浴びないように注意する必要があります。

パーマやヘアカラーの薬剤によって起こる損傷のことを化学的ダメージといい、毛髪にダメージを与える成分として、毛髪を膨潤させるアルカリ剤と、メラニン色素を脱色する過酸化水素があり、パーマには毛髪構造のジスルフィド結合を切断する働きがある還元剤も含まれています。毛髪は化学的ダメージを受けると、キューティクルが損傷して剥がれやすくなり、毛髪のタンパク質が流出してしまいます。毛髪に過剰なダメージを与えないためには、毛髪の状態（施術履歴、ダメージ度合、太さ等）を把握し、毛髪にあった薬剤を選択するとともに、正しい使用方法を守ることが大切です。

最初に述べたとおり、ダメージは複数の要因によって、複雑に絡み合って起こっています。化粧品メーカーでは、顕微鏡による外観検査や引っ張り強度の測定、アミノ酸分析による毛髪組成の分析など、様々な手法によって、ダメージの評価を行なっています。

ダメージを引き起こすもの

Hair Science

①紫外線
長時間直射日光を浴びると、毛髪のダメージや褪色の原因となります。

②ヘアドライヤーの熱
過度な熱や乾燥は、毛髪をダメージさせる可能性があります。

④不適切なパーマ施術
不適切な薬剤選定や誤ったパーマ施術は、化学的ダメージを引き起こす可能性があります。

③ヘアアイロンの熱
過度な熱は、毛髪のダメージにつながる可能性があります。

⑤不適切なカラー施術
不適切な薬剤選定や施術方法で、化学的ダメージを引き起こす可能性があります。

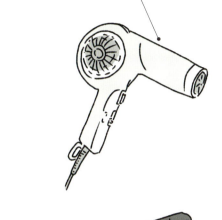

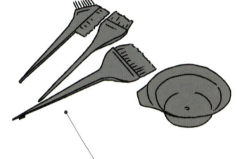

熱によるダメージ例

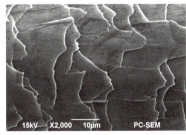

熱により毛髪表面が急激に乾燥することで起こったもので、毛髪内部に歪みが生じ、キューティクルの表面にもひび割れが現れています。

化学的原因によるダメージ例

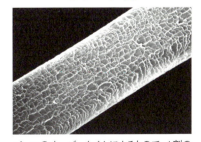

パーマのオーバータイムによるもので、1剤のアルカリにより膨潤した毛髪が元の状態に戻り切らず、表面のしわとして現れたものです。毛髪内部にもダメージを受けています。

紫外線によるダメージ例

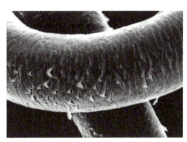

紫外線を照射した毛髪。照射直後はキューティクルの浮きも殆どありませんでしたが、時間の経過と共にキューティクルが剥離し、ダメージとして現れます。

※「パーマの科学」（新美容出版刊）より

column ① タンパク質とPPTとアミノ酸

Protein, PPT and amino acids

　物質を最小限に分解すると、最終的には分子になります。分子は、ある特定の原子が、その物質固有の規則に沿って集まったもので、その物質の特徴を維持できる最小単位です。分子量とは分子を構成する原子の重さの総量を指します。

　アミノ酸は生物の基本構成単位で、その分子量の平均は約100です。アミノ酸1個をネックレスの1粒の玉と仮定すると、この粒が2〜100個つながったものがポリペプチド（PPT）です。そして、粒が約100〜数千個つながったものがタンパク質（英語ではプロテイン）になります。

　タンパク質の中でヘアケア製品の原料としてよく用いられるものとして、ケラチンタンパク質とコラーゲンタンパク質に分けられます。

　ケラチンタンパク質を加水分解するとケラチンPPTが得られ、コラーゲンタンパク質を加水分解するとコラーゲンPPTが得られます。さらにケラチンPPT、コラーゲンPPTを加水分解すると構成成分のアミノ酸になるのです。

　タンパク質は水に溶けないことが多く、そのままパーマ剤や化粧品類に配合されることは稀です。多くの場合、水に溶けるようにタンパク質を分解したPPTが、保湿や毛髪補修などの目的で使用されます。

　PPTを使い分ける際には、ケラチン系かコラーゲン系か、そして分子量の大小が目安になります。コラーゲンタンパク質は、皮膚、靭帯、軟骨などを構成するタンパク質で、これから得られるコラーゲンPPTには水分を保持する力を持ったアミノ酸が多く含まれるため、保湿作用に優れたものが多くなります。

　ケラチンタンパク質は、毛髪、爪、皮膚などに多く存在するタンパク質で、これから得られるケラチンPPTは、アミノ酸のシスチンやシスチン由来物を含み、髪にハリやコシを付与する作用に優れたものが多くなります。

　そして、PPTの大きさ（分子量）の違いも、得られる作用に影響します。大きな分子量のものは膜を作る作用が強いため、コラーゲンPPTでも髪の周囲に膜を形成し、ハリやコシを付与する効果が得られたり、ケラチンPPTでも分子量が小さいと、保湿効果に優れていたりします。最近では、植物由来PPTや魚由来PPTなど様々な種類のPPTがあり、それぞれ特徴が異なります。

　ですから、PPTを考える場合には、その起源と分子量と共に、使用する対象毛にどのような効果を期待するのかをはっきりとさせて使い分けることが大切です。

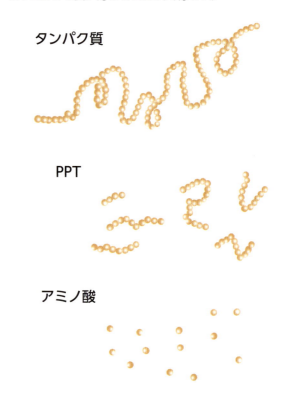

タンパク質

PPT

アミノ酸

Chapter 2

Dermatology

皮膚科学　〜頭皮トラブルを防ぐために〜

人の皮膚は外からの異物や細菌、毒物などから人体を守り、
温度を感知して、発汗による体温調節をするなど、重要な役割を持っています。
しかしときには刺激により炎症が生じたり、アレルギー性接触皮膚炎を起こすこともあります。
安心して薬剤を使用するには、皮膚の仕組みとトラブルの対処法を理解することが重要です。
また、理美容師の手荒れを防止するため、正しい予防方法を理解しましょう。

Chapter 2 ① BASIC STRUCTURE of HEALTHY SKIN and FUNCTION

健康な皮膚の基本的な構造とその働き

皮膚のターンオーバー機能とバリア

人体はおよそ60兆個の細胞からなるなどといわれ、身体の表面や体内の器官の内表面を覆う膜状の細胞集団を一般に上皮もしくは上皮組織と呼びます。

皮膚においては上皮組織は「表皮」と呼ばれ、表皮の細胞は、細胞の幅が高さより長いという特徴的な形状をしていて、大多数は角化細胞（ケラチノサイト）、他に色素細胞（メラノサイト）や免疫関連の細胞によって構成されています。

皮膚は（断面でみると）主に表皮、真皮、皮下組織からなる3層構造となっていて、身体の質量の約16%を占める最大の臓器です。水分の蒸散や異物の侵入を防ぐ、紫外線など外部環境から人体を守る、体温を調節するなど様々な機能を持っていて、その内部の状態を一定に保つための役割を担っています。特に表皮におけるバリア機能はとても重要なものです。

表皮の細胞の下層には基底領域、上部には頂上領域とよばれる部分があり、細胞の成熟にともなって下層から上層の方向へ押し出されるように置き換わります。そのため成熟段階により異なる形態の角化細胞が4つの層状に並んでいます（下層から順に、基底層・有棘層・顆粒層・角質層）。

その更新周期は上皮組織の種類（細胞の種類）によって様々ですが、皮膚の表皮では約28日です（日数目安については諸説あります）。これを一般にターンオーバー機能などと呼んでいます。

表皮は基底層、有棘層、顆粒層、角層からなり、成熟に伴ってケラチンタンパク質が凝集し細胞が固くなる、角化という特徴的な現象がおきます。免疫に関係する細胞が活躍するのも表皮です。厚さは通常0.1mm程度ですが、手のひらや足の裏では1mm程度と厚く、ここではさらに、透明層と呼ばれる部分も存在します。

真皮は、その大部分を占めるコラーゲンタンパク質が密に詰まった構造で、皮膚の強度、厚さなど機械的な機能の維持に関係しています。厚さは表皮の約15〜40倍とされますが、たとえば眼瞼では非常に薄いなど、真皮の厚さは部位によって大きく異なる特徴があります。脂腺（皮脂腺）や汗腺、体毛組織などの付属物が存在するのも真皮内です。

皮下組織は真皮より内側にあって、その大部分が皮下脂肪です。真皮をさらに内側にある筋や骨などと結び付けています。

皮膚の付属物には、たとえば、毛包と毛、脂腺、汗腺、爪などがあり、感覚器や分泌器官としての役割も担っています。

皮膜、皮表膜について

脂腺は皮脂（ワックスエステル、トリグリセリド、脂肪酸など）を分泌し、これが皮膚の表面において汗などの水分と混合して皮表をコートするpH4〜6の酸性の膜（皮脂膜、皮表膜）を作ります。殺菌作用や感染の防止に役立つほか、水分蒸散の抑制にも役立っています。

皮膚の名称

表皮の細胞は基底領域で作られてから徐々に上層に向かって押し出されます。それぞれの段階の形態によって、下から基底層、有棘層(ゆうきょく)、顆粒層、角質層と呼ばれ、角質層の細胞は役目を終えると最後は垢(あか)となって剥がれ落ちていきます。この一連の機能が「ターンオーバー機能」です。

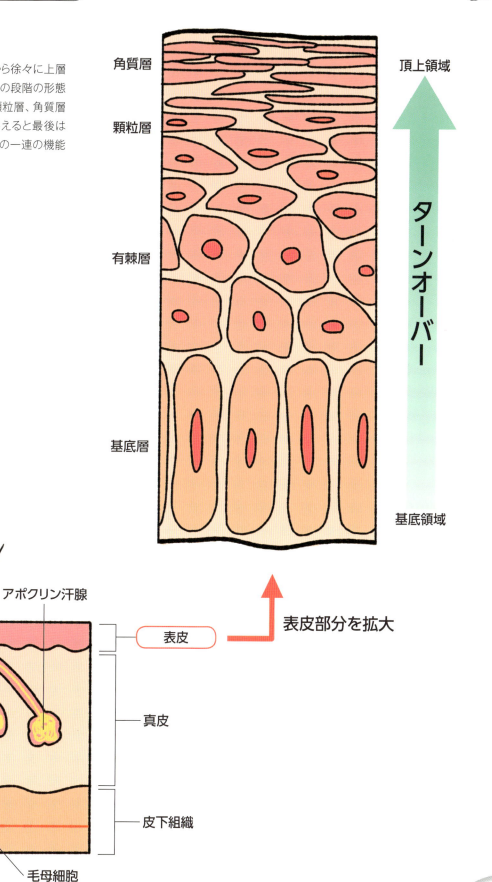

Chapter 2 ②　MEASURES to PREVENT SKIN TROUBLE

肌トラブルを防ぐための対策

お客様への確認が大事。美容師自身も大切に

皮膚は異物が体内に入り込むのを防ぐためのバリア機能を持っています。皮膚に刺激物質が接触し、その刺激がバリア機能の抵抗力を上回ったときに発生するかゆみや痛み、赤みなどの皮膚炎を一次刺激性接触皮膚炎と言います。刺激物質自体の刺激が強い、刺激物質の濃度が高い、皮膚との接触時間が長い、皮膚に傷などがあってバリア機能が弱っている、などが発生の条件になり、その発生場所は刺激物質が接触した場所に限られ、接触していない場所には発生しません。

パーマ剤による皮膚炎は、ほとんどが一次刺激性接触皮膚炎と言われていて、その発生場所は薬剤が皮膚に触れやすい、または液だまりしやすい髪の生え際や、耳の後ろなどが中心です。そのため、施術前にはそれらの箇所にプロテクトクリーム等を塗布して薬剤と皮膚とを直接接触しにくくする、タオルで薬剤の垂れ落ちを防ぐ、等の対策が有効です。また、施術中のこまめなタオル交換も対策のひとつです。さらに、施術前にお客様の体調や頭皮の状態を確認することや、施術中・施術後にお客様が刺激を感じられていないか、頭皮の状態に変化が無いか、などの確認が大変重要です。もし施術中に刺激を訴えられたときには、すぐに操作を中止して薬剤を洗い流してください。

一次刺激性接触皮膚炎は、発生条件が同じであれば誰にでも同じように発生することが多いのに対して、ある特定の人が特定の刺激物質によって発生する皮膚炎がアレルギー性接触皮膚炎です。アレルギーは卵や乳製品等の食物や、花粉などがよく知られていますが、それ

らの原因物質を有害な物質と判断して、体内に入り込んだときに過剰な反応をしてしまうのがアレルギーです。どの原因物質にアレルギー反応を示すかは人それぞれであるのと同様、薬剤に配合されている成分に対するアレルギー反応も、その人特有のものになります。染毛剤の使用前に実施する皮膚アレルギー試験（パッチテスト）は、その製品に配合される成分に対してアレルギーを持っていないことを確認するための試験です。

アレルギー性接触皮膚炎の特徴は、原因物質と直接接触した部分だけでなく、その周囲や接触していない部分にも炎症が発生する場合があること、一度特定の物質に対するアレルギーを発生すると、以後その物質に接触するたびに発症すること、などがあげられます。その対策は原因物質と接触させないことですので、施術前に過去に同様の薬剤で異常を感じたことがないか、当日の体調はどうかなどのカウンセリングをすることや、染毛剤であれば皮膚アレルギー試験（パッチテスト）を毎回実施することが重要です。

肌トラブルはお客様だけでなく理美容師にも起こります。毎日のシャンプー施術で手指の皮脂が脱脂されたり、パーマ剤や染毛剤で刺激を受けたりしてバリア機能が低下し、結果、手荒れを引き起こしてしまいます。これを防ぐには手袋着用の徹底が重要です。すすぎ時にも手袋は外さず、全ての作業中で着用して手指を守るようにしてください。

施術中の注意点

Dermatology

タオルで液垂れを防ぎましょう。放置時間のタオルターバン交換も有効です。

シャンプーやすすぎ時は丁寧に。手袋も忘れずに。

施術前のカウンセリングや施術中・施術後の状態確認も重要です。

column ❷

Acidic, neutral, alkaline

酸性・中性・アルカリ性

　酸性、中性、アルカリ性は、pH（ピーエイチまたはペーハー）の値によって大別される性質を表した言葉です。pHとは、ある水溶液（ある成分が水に溶けた状態）の、溶液中の水素イオン濃度を測定し、数値化したもので、0～14まであります。pHは「7」を「中性」として、数値の低い「0～7未満」を「酸性」、数値の高い「7より上～14」までを「アルカリ性」と呼んでいます。

　pHは酸性、中性、アルカリ性を数値化していますが、pHの数値は、水素イオンの濃度の対数を数値化したものです。そのため、pHの数値が「1」違えば、水素イオン濃度は10倍、あるいは10分の1になります。例えば「pH5」と「pH7」の溶液を同量混ぜても、決して「pH6」にはなりません。この場合には、ほとんど「pH5」に近い状態となります。

　pHは、そのときの酸やアルカリの強さや濃度を示すものではありません。あくまでも水素イオン（H^+）と水酸化イオン（OH^-）の比率を数値化したものです。よくpHが高いか低いかで製品の良し悪しを決め付ける風潮がありますが、pHは単に比率を表した数字でしかありません。どのような物質がどのような濃度であるのかを理解しない限り、pHの高低だけで判断すべきものではありません。

　代表的な酸性を示す物質は、一般的に化粧品に使用されるクエン酸やリンゴ酸があります。これらは、それぞれレモンやリンゴなどの果物にも含まれます。また、強酸として塩酸や硫酸などがあります。

　中性の物質としては、水が代表的です。

　アルカリ性で代表される物質には、強アルカリ成分として水酸化ナトリウムや水酸化カリウムなどがあり、石けんを作る時に使用します。パーマ剤や染毛剤に使用する代表的なアルカリ剤として、揮発性のアンモニアや有機アルカリのモノエタノールアミンなどがあります。

代表的な製品を紹介しましょう。

　酸性領域の製品として、多くが弱酸性であるシャンプー剤があります。トリートメント剤も酸性です。当然ですが、酸リンスは酸性ですし、ヘアマニキュアはpHが3～4付近の酸性です。アルカリ領域の製品としては、パーマ剤、染毛剤があります。製品によって異なりますが、酸性のパーマ剤を除いて、パーマ剤1剤のpHはおおむね8～9になっています。染毛剤1剤は、酸性～低アルカリの染毛剤を除いて、おおむねpH9～10程度で構成されています。

　過硫酸塩を配合した脱色・脱染剤1剤はさらにpHが高く10～11ぐらいとなっています。パーマ剤の第2剤に使用される臭素酸塩は6～7の微酸性～中性域です。過酸化水素配合のパーマ剤と染毛剤の2剤は3～4程度のpHになっています。

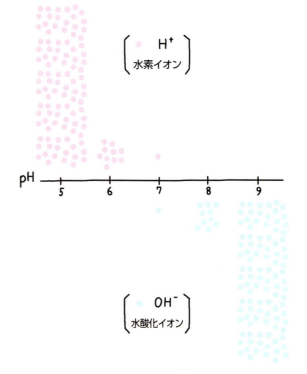

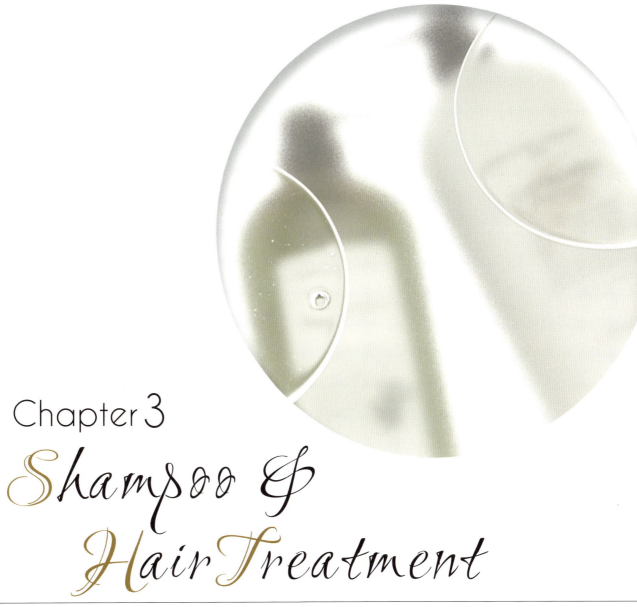

Chapter 3
Shampoo & Hair Treatment

シャンプー＆トリートメント
～適正なシャンプーとトリートメントのために～

毛髪や頭皮を清潔にし、コンディションを整え、施術の前後も適切なケアを行うことは、
パーマやカラーの効果を高め、ダメージを抑制・防止することに繋がります。
シャンプーやトリートメントには、様々な目的で色々な成分が配合されています。
この章ではシャンプーやトリートメント剤の基本的な構造と成分を知り、
お客様の髪の状態やニーズ、施術目的にあった製品を選択できるようになりましょう。

シャンプー剤が汚れを落とす仕組み

油汚れは界面活性剤に覆われて水に溶ける

汚れは、泥など水に溶けるものと、油など水に溶けないものとに分けることができます。そして、頭皮や毛髪の汚れは、身体の内部からのものと、外部からのものに分けられます。身体の内部からの汚れは、皮脂腺から分泌される皮脂や汗腺から出る汗、フケなどがあり、外部からの汚れは、ほこりや排ガス、スタイリング剤などがあります。

水に溶ける汚れは、水ですすぐことで洗い落とせますが、水に溶けない汚れは水だけでは落ちませんので、洗浄剤を使用して落とします。この洗浄剤の身近な代表には石けんがあります。また、シャンプー剤も洗浄剤の一種です。

汚れを落とす洗浄剤には界面活性剤が用いられ、この界面活性剤は、その構造の中に水になじみやすい部分（親水基）と油になじみやすい部分（親油基、または疎水基）の両方を持っています。

そのため、界面活性剤が油汚れと接触すると、油汚れと親油基の部分が結びつき、親水基は外側を向くことになります。そして、大量の界面活性剤が油汚れに結びつくと、表面は界面活性剤で包み込まれ、ちょうど油が中身となった界面活性剤の塊（球体）のようになります。このとき、界面活性剤の層は親水基を外側に向けていますので、界面活性剤の塊の表面は、水となじみやすい、つまり水に溶ける性質を持つようになります。

このようにもともとは水に溶けない油汚れの表面に界面活性剤が作用して、油汚れの表面の性質を変化させ、水に溶けるようにして除去することが、汚れを落とす仕組みなのです。

この仕組みを順に追って説明すると、次のようになります。

①髪に付着している油汚れ
（表面は親油性＝疎水性なので、水に溶けない）
②界面活性剤が親油性を内側に向けて
油汚れに集まる。
③油汚れを浮き上がらせる。
④多くの界面活性剤が油汚れの表面に集まり、油汚れを包み込む（表面の性質が親水性に変わる）。
⑤界面活性剤で包み込まれた油が水で洗い流される（汚れが落ちる）。

ところで、この汚れが落ちる仕組みに泡は関係していません。つまり、泡立ちと洗浄力は関係しないということで、泡立ちが良いから良く落ちるということではないのです。例えば、手についた油を除去するクリーナーはほとんど泡立ちませんが、油汚れは良く落とします。

しかし、シャンプーの場合には、泡立ちや泡質は大変重要になります。というのは、毛髪は無理な力が加わることで、毛髪表面のキューティクルがはがされ、毛髪の損傷につながるからです。泡立ちの悪いシャンプーを用いた場合には、毛髪同士が擦り合わされたり、絡まったりするため、その防止のため毛髪と毛髪の間のクッションの働きとして泡立ちの良いシャンプー剤を用い、よく泡立ててシャンプーをすることが大切なのです。

汚れを落とす仕組み

Shampoo & Hair Treatment

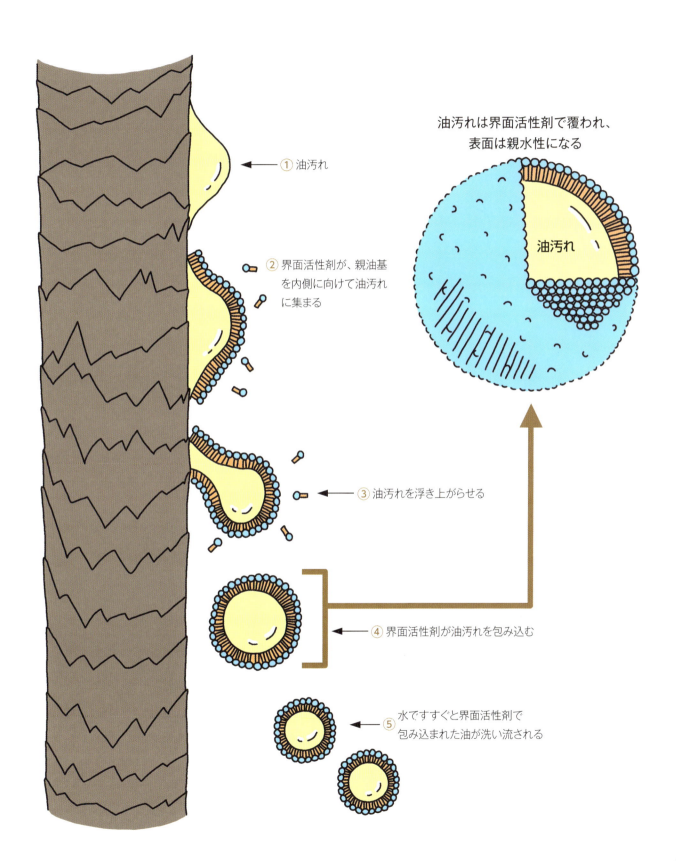

Chapter 3 ❷   TYPES and COMPONENTS of SHAMPOO

シャンプー剤の種類と構成成分

アニオン界面活性剤が"汚れの洗浄"と"泡立ち"に最も適している

人間の頭髪は約10万本で、その頭皮上には分泌された皮脂、汗、角質細胞（フケ）、そして外部からのチリやホコリ、その他頭髪化粧品などが混在し、付着しています。このような状態を放置しておくと、変質や雑菌の増殖による悪臭が発生したり、頭皮が痒くなりフケが目立つようになります。また、頭皮だけでなく、毛髪にも悪影響を与えますので、頭皮や毛髪は常に清潔にしておかなければなりません。

頭皮、毛髪を清潔に美しく保つために用いるのが洗浄用化粧品です。古くは石けんが使用されましたが、現在ではシャンプー剤が広く一般的に用いられています。市場には様々な種類のシャンプー剤がありますが、一般的にシャンプー剤として備えていなければならない性能は次のようなことです。

1.適度の洗浄性があること

2.キメの細かい、豊かな泡立ちが続くこと

3.洗髪中の髪の"もつれ"がないこと

4.頭皮、毛髪、眼などに刺激がなく、安全性が高いこと

シャンプー剤の分類の方法には、髪質や髪型による分類（例えば、ノーマルヘア用、オイリーヘア用、柔らかい髪用、硬い髪用、カラーヘア用、ストレートヘア用など）と、配合される界面活性剤の種類による分類の2つがあります。

使用する髪質や髪型による分類は、対象の髪質・髪型に合わせた使用感や仕上がり感を持つもので、一般の方などがシャンプー剤を選定する際の判りやすさが特徴です。

界面活性剤は、界面（液と液の境界や液と空気の境界のこと）の性質を変える作用を持つ物質を指し、一つの分子中に油となじみやすい部分（親油基）と、水となじみやすい部分（親水基）を持ちます。

そして、界面活性剤を水に溶かした場合、親水基の状態がマイナスになるものがアニオン界面活性剤、プラスになるものがカチオン界面活性剤、プラスにもマイナスにもならないものがノニオン界面活性剤です。そして、液の状態（pH）の違いでプラスにもマイナスにもなるものは両性界面活性剤と呼ばれます。

シャンプー剤の基本機能（汚れの洗浄と泡立ち）に最も適したものがアニオン界面活性剤です。シャンプー剤には、アニオン界面活性剤が主原料として使用され、シャンプー剤の性能が使用されるアニオン界面活性剤の性質に大きく影響されるため、アニオン界面活性剤の種類による分類がされるのです。

ただし、現在のシャンプー剤は、複数のアニオン界面活性剤を併用して使用するのが一般的です。そのため、一概にアニオン界面活性剤の種類による分類は難しくなっていますが、目安として、主に配合されるアニオン界面活性剤に着目した分類（高級アルコール系、石鹸系、アミノ酸系、エーテルカルボン酸系など）が行われています。

よく、「○○系シャンプーだから良い」とか「○○系シャンプーだから悪い」と決め付ける風潮もあるようですが、シャンプー剤には「洗浄基剤」であるアニオン界面活性剤の他に、泡立ちやその持続性を向上させる「洗浄助剤」や、使用時や仕上がり時の柔軟感、しっとり感、サラサラ感等を与えるコンディショニング成分などの様々な成分が配合されます。シャンプー剤の特徴は、このような様々な成分の組み合わせで得られるものですので、先入観を持った選定は間違いの元になるので注意すべきでしょう。

また、サロンでのシャンプーは、一般家庭で行う場合とは異なり、その後の施術（パーマ施術やカットなど）にも影響を与えますので、そういった側面からシャンプー剤を選定することも大切です。

シャンプー剤の構成成分と働き

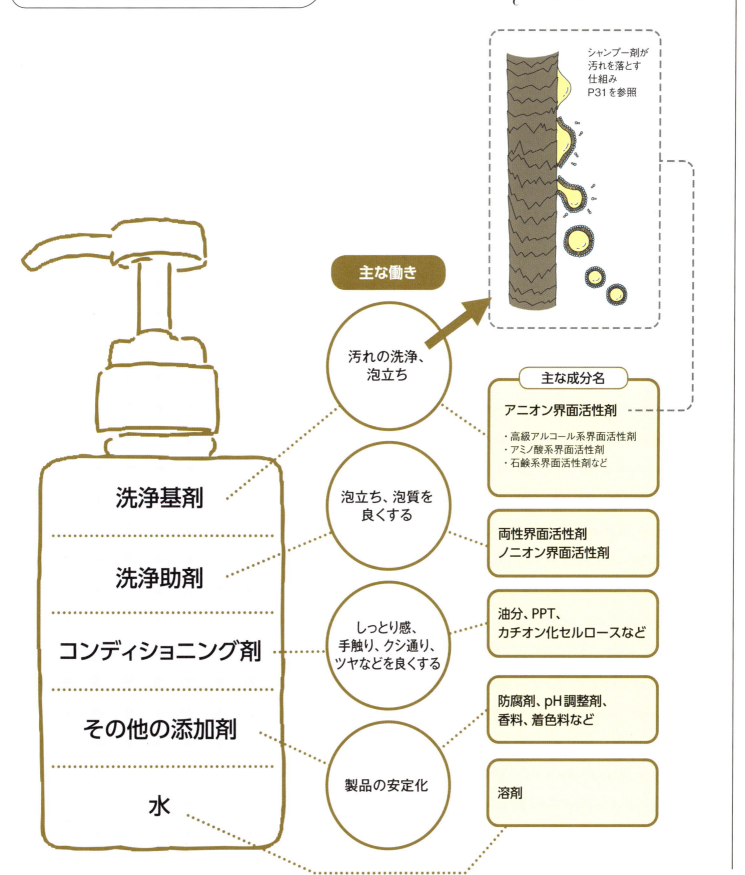

Chapter3 ③

FUNCTION of HAIR TREATMENT

ヘアトリートメント剤の働き

毛髪表面に皮膜を作り、コルテックスから流出した
間充物質（マトリックス）を補修する

毛髪の損傷は、ヘアカラーやパーマの操作ミスなど化学的な原因と、無理なコーミングなど物理的な原因によって起きます。これは毛髪の表面を保護している皮脂が失われ、キューティクルがはがれ、コルテックス内の間充物質（マトリックス）が失われることが原因です。

トリートメント剤の働きは、このダメージの進行を止めることと、生じたダメージを補修することです。ダメージの進行を止めることとは、トリートメント剤が毛髪表面に作用し、油脂やシリコーンなどで皮脂を補い、カチオン界面活性剤やポリマーで表面に保護膜を作って摩擦抵抗を下げ、キューティクルを保護することです。この毛髪表面への働きは、リンスやコンディショナーにもあります。

ダメージを補修するとは、毛髪の内部に油分、PPT、保湿剤などを浸透させ、壊れた毛髪構造を補修することで、これはトリートメント剤独自の働きです。

毛髪は皮膚と異なり、生きている組織ではないので、自己再生することはありません。このため、一度ダメージを受けるとその部分から損傷は加速的に進み、乾燥し、ツヤが無くなり、感触が悪くなり、さらに枝毛、裂毛、断毛が生じる結果になります。したがって、できるだけ早く、毛髪のダメージの進行を止めることが大切になります。

もう少し詳しくこのダメージの進行過程を見てみると、最初は毛髪の表面を保護している皮脂が失われることから始まります。それは、キューティクルの構造と深く関係しています。毛髪の表面を鱗のように覆うキューティクルは外側から、①エピキューティクル（表面は疎水性）、②エキゾキューティクル（シスチン結合が多く水分で膨潤しにくい）、③エンドキューティクル（シスチン結合が少なく親水性）の3層からできています。（P10の図参照）　最も外側のエピキューティクルは、様々な化学的なダメージから髪を保護する働きがありますが、反面、硬くてもろいため、無理なブラッシングなどで壊れやすい性質があります。このエピキューティクルが壊れると、中間層のスポンジ状のエキゾキューティクルや、最も内側の柔らかいエンドキューティクルは、アルカリや酸化剤等の薬剤に弱いため、エキゾキューティクルやキューティクルとコルテックスとを結び付けている接着タンパク質も失われ、キューティクルはまくれ上がり、はげ落ちて、コルテックスがむき出しの状態になってしまいます。こうなるとコルテックスは直接様々なダメージを受け、内部の損傷が急激に進むことになります。

コルテックス内部では、比較的丈夫な繊維状のマクロフィブリルは別にして、フィブリルの間を埋めている柔らかい間充物質（マトリックス）が壊れて失われます。このタンパク質が失われた部分にPPTや油分を補います。これにより水分の保持能力、強度、弾力性などの特性が、ある程度補修されるのです。

ヘアトリートメント剤の働き①
ダメージの進行を止める

毛髪表面に作用し、油脂やシリコーンなどで皮脂を補い、カチオン界面活性剤やポリマーで摩擦抵抗を下げ、表面に保護膜を作り、摩擦抵抗を下げ、キューティクルを保護します。

カチオン界面活性剤

トリートメント剤中のカチオン界面活性剤の親水基（プラス）は、マイナスに帯電した毛髪とイオン的に結合し、帯電防止効果を発揮します。

ヘアトリートメント剤の働き②
ダメージの補修

毛髪の内部に油分、PPT、保湿剤などを浸透させ、壊れた毛髪構造を補修します。

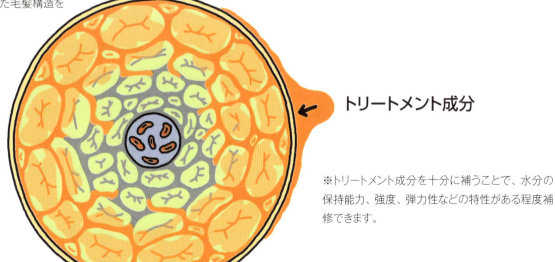

トリートメント成分

※トリートメント成分を十分に補うことで、水分の保持能力、強度、弾力性などの特性がある程度補修できます。

Chapter3 ❹　　　　　　　　**COMPONENTS of HAIR TREATMENT**

ヘアトリートメント剤の構成成分

カチオン界面活性剤が、毛髪を広がりにくく、しなやかにまとめる

アトリートメント剤とは、一般的にシャンプー後の毛髪に使用する「コンディショナー」「トリートメント」などと称される"洗い流す製品"と、パーマや染毛施術時などに使用する"洗い流さない製品"（プレ剤、前処理剤と称されます）に大別されます。パーマや染毛施術時に使用する洗い流さない製品については、後の章で説明がありますので、ここでは、シャンプー後に使用する洗い流す製品について主に説明します。

トリートメントは英語で、「処置、治療、手当て」といった意味を持っています。損傷した毛髪は、毛髪自身で修復することはできません。適切なケアをしないと、むしろ日常の生活のなかで毛髪の損傷は進行します。ヘアトリートメント剤は、毛髪の損傷の進行を抑制・防止すること、および損傷部位の補修のために使用します。

ヘアトリートメント剤の仲間として、「ヘアリンス」や「コンディショナー」と称される製品もありますが、これらの違いに決まった定義はありません。毛髪表面だけに働きかけるのか、毛髪内部にまで働きかけるのかの違いで区分することが多いです。

これらの製品に共通な主成分は、カチオン界面活性剤です。
カチオン界面活性剤は、毛髪表面のマイナス部分（−）と、カチオン界面活性剤の親水基のプラス部分（＋）がイオン的に結合して、毛髪表面に層を形成するため、帯電防止効果があります。

また、カチオン界面活性剤は、衣類の柔軟剤にも使用さ

れているように、繊維を柔らかくする作用があります。そのため、カチオン界面活性剤を主成分としたヘアリンスやヘアトリートメント剤で処理した毛髪は、静電気を帯びないために広がりにくく、しなやかにまとまりやすいのです。

ヘアリンスは、この毛髪表面の帯電防止を目的とした製品です。従って、他のコンディショニング成分はあまり多くないのが一般的です。

これに対してヘアトリートメント剤には、カチオン界面活性剤の他に、油分やPPT（ポリペプチド）、アミノ酸などのコンディショニング成分が高濃度で配合されています。毛髪に塗布されたヘアトリートメント剤中のコンディショニング成分は、毛髪内部に徐々に浸透して、コルテックス内の欠落した間充物質（マトリックス）を補い、水分保持力や毛髪の弾力などの機能を補修するのです。

コンディショナーの定義は特にありませんが、一般的にはヘアリンスとヘアトリートメント剤の中間的なものが多いようです。コンディショナーは、ヘアトリートメント剤ほど積極的に毛髪補修を行うものではなく、毛髪補修の機能も持ち合わせている弱いヘアトリートメント剤と位置付けられます。

最近では、洗い流さないトリートメント剤も多くあります。主に軽い油分やシリコーン、保湿成分などが配合されており、毛髪の水分保持力を高めると共に、毛髪表面に油分の皮膜を形成し、指通りを改善したりツヤを与えたりするものが多いようです。

ヘアトリートメント剤とリンス剤の組成

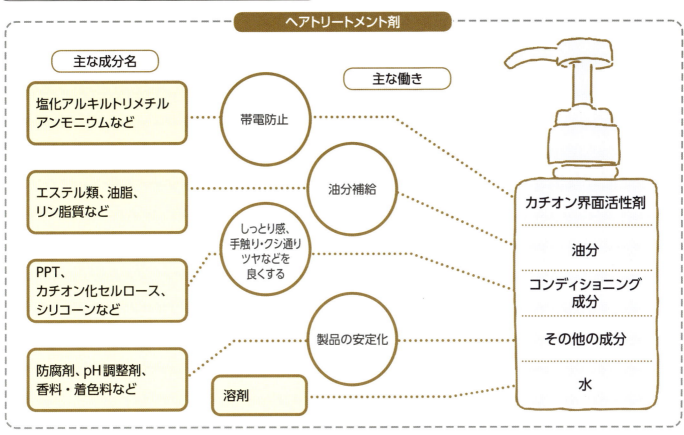

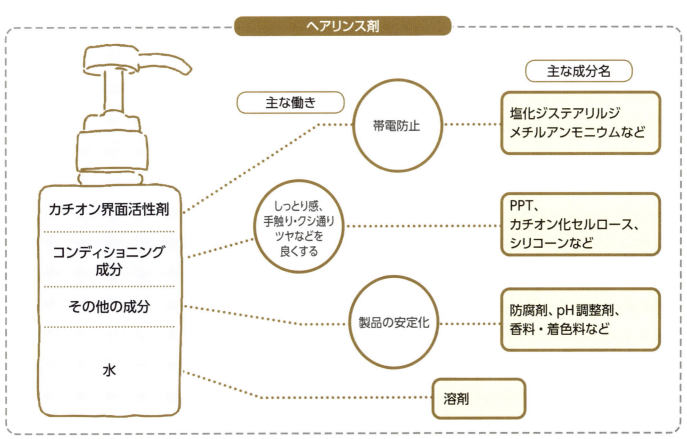

Chapter 3 ⑤　SHAMPOO and HAIR TREATMENT as PRE and AFTER

前処理・後処理としての
シャンプー ＆ ヘアトリートメント

前処理・後処理を選択するポイント

パーマ施術やヘアカラー施術を行う際は、それぞれの施術の特性を考慮し、適した前処理・後処理を行うことが必要です。

最初に、パーマ施術前に行うプレシャンプーについてです。一般的にはある程度の洗浄力があり、あまりコンディショニング剤を含まないものが適しています。これは毛髪表面に付着した皮脂やヘアケア商品による被膜等があると、パーマ剤の毛髪への浸透が妨げられ、十分な作用が得られないからです。化粧品である染毛料（ヘアマニキュア）の場合も、毛髪表面にある皮脂等の影響で染まりが浅くなったりすることがあるため、パーマ施術前と同じようにシャンプーを行います。一方、染毛剤（ヘアカラー）を施術する前のシャンプーは行わないのが一般的です。これは、頭皮の皮脂を取り除くことで染毛剤による刺激等が強くなることが懸念されるためです。また、染毛剤施術中の刺激を緩和する目的で、施術前に保護オイルを頭皮に塗布することもあります。

次に、毛髪のダメージに対する前処理についてです。「ダメージ毛」といっても、毛先と根元のダメージレベルは一般的には異なるため、その点を考慮した前処理を行う必要があります。毛髪のダメージが大きいほど、薬剤は毛髪内に浸透しやすく、薬剤の効果も強くなり、毛髪への負担も大きくなります。そのため、一般的にダメージが大きい毛先等を中心に前処理（プレトリートメント）を行います。この前処理に使用するトリートメントは、毛髪内部の補修や薬剤の浸透を抑制する作用に優れたものが適しています。

一般的にはケラチンやコラーゲン等のPPTが補給できるタイプが用いられます。この前処理を行うことで、毛先と根元への薬剤の作用をおおよそ均一にします。なお、一般的に油性成分を多く含むものを前処理として使用することは避けます。これはパーマのかかりやヘアカラーの染まりにムラが出来ることが懸念されるためです。

施術後のシャンプーですが、染毛剤や染毛料を施術した後は、毛髪に付着した余分な薬剤をしっかり落とす洗浄力があり、コンディショニング効果の高いシャンプーを使用します。なお、パーマ施術後は通常シャンプーは行いません。その後のアフタートリートメントは、一般的なトリートメントよりも毛髪内部の補修効果に優れた（PPTやアミノ酸等の成分が豊富な）ものが適しています。また、パーマや染毛剤（ヘアダイ）施術後はアルカリ性に傾いた毛髪を正常なpHに戻す機能があるものが適しています。これら毛髪内部の補修等に加え、毛髪表面を滑らかにする成分（カチオン界面活性剤やシリコーン類等）を配合したトリートメントの使用により、デリケートな状態である化学処理直後の毛髪をいたわり、パーマやヘアカラーを長く楽しむことができます。

なお、染毛料（ヘアマニキュア）の施術後のトリートメントとして、カチオン界面活性剤が特に強いものは注意が必要です。これは、毛髪に定着した色素を毛髪外に引き出してしまう恐れがあるためです。

シャンプーとトリートメント＆前処理と後処理の目的と特徴

パーマの流れ

プレシャンプー
目的
毛髪に付着している汚れやスタイリング剤を除去する

剤の特徴
・通常の洗浄力のあるもの
・被膜を作るコンディショニング剤を含まないもの

プレトリートメント
目的
傷んだ部分を補修し、毛髪を均一に整える

剤の特徴
・ケラチンやコラーゲンなどのPPTを多く含むもの
・カチオン界面活性剤、油分をあまり含まないもの

施術

パーマ施術

一般的にアフターシャンプーは行わない

アフタートリートメント
目的
毛髪内部のコンディションを整えると同時に、毛髪表面を滑らかにし、損傷を防止する

剤の特徴
・pH調整機能に優れるもの
・PPT、油分など、コンディショニング成分を多く含むもの
・カチオン界面活性剤、シリコーンなど、毛髪表面を滑らかにするもの

染毛剤の流れ

一般的にプレシャンプーは行わない

プレトリートメント
目的
傷んだ部分を補修し、毛髪を均一に整える

剤の特徴
・ケラチンやコラーゲンなどのPPTを多く含むもの
・カチオン界面活性剤、油分をあまり含まないもの

施術

染毛剤施術

アフターシャンプー
目的
余分な薬剤や残留アルカリを除去し、ダメージの進行を防ぐ

剤の特徴
・洗浄力がマイルドなもの
・コンディショニング効果の高いもの

アフタートリートメント
目的
毛髪内部のコンディションを整えると同時に、毛髪表面を滑らかにし、損傷を防止する

剤の特徴
・pH調整機能に優れるもの
・PPT、油分など、コンディショニング成分を多く含むもの
・カチオン界面活性剤、シリコーンなど、毛髪表面を滑らかにするもの

ヘアマニキュアの流れ

プレシャンプー
目的
毛髪に付着している汚れやスタイリング剤を除去する

剤の特徴
・通常の洗浄力のあるもの
・被膜を作るコンディショニング剤を含まないもの

プレトリートメント
目的
毛髪のpHを整え、染まりやすくするとともに、傷んだ部分を補修し、毛髪を均一に整える

剤の特徴
・ケラチンやコラーゲンなどのPPTを多く含むもの
・カチオン界面活性剤、油分をあまり含まないもの
・毛髪を酸性にする必要がある場合は、酸性リンスや酸性のトリートメントを使用

施術

ヘアマニキュア施術

アフターシャンプー
目的
余分な薬剤を落とす

剤の特徴
・洗浄力がマイルドなもの
・できるだけpHの低いもの

アフタートリートメント
目的
毛髪内部のコンディションを整えると同時に、毛髪表面を滑らかにし、損傷を防止する

剤の特徴
・pH調整剤、PPT、油性成分、シリコンオイルを含むもの
・カチオン界面活性剤の作用が強過ぎるものは避ける

界面活性剤

Surfactant

「水と油」は互いに混じり合わない物質の代表としてよく引き合いに出されますが、これはそれぞれ分子内に「親水基」あるいは「親油基」と呼ばれる構造だけを持っているためです。

ところが分子内に親水基と親油基の両方を持っている物質があり、これらは「界面活性剤」と呼ばれます。界面活性剤を水と油の混合物に加えると、それまで分離していた両者は互いに混じり合うようになります。この働きを利用して、クリームを作ったり、汚れを落としたりします。

この現象をもう少し詳しく見てみましょう。界面活性剤の分子をマッチ棒に例えると、"頭"は水になじみやすい「親水基」、"軸木"は油になじみやすい「親油基」です。

これを水に溶かすと、マッチ棒は水になじみやすい頭の部分を外側に向け、油になじみやすい軸木の部分が内側に集まり、球状の塊を形成します。これを「ミセル」と呼びます。洗剤の場合には、油汚れがこのミセルの内側の親油性の部分に取り込まれるため、濯ぎ洗いで除去できます。

また、油分や油溶性の物質を取り込んだものは、親水性クリームになります。

界面活性剤は、水に溶かしたときの親水基のイオン性から、

①**アニオン界面活性剤**
②**カチオン界面活性剤**
③**両性界面活性剤**
④**ノニオン界面活性剤**

の4種類に分けることができ、それぞれの特徴に合わせて使い分けられています。

界面活性剤には水と油を仲介して、お互いに混じり合うようにする働きがあることを説明しました。この働きは、界面活性剤には界面の張力を下げる性質があるために起きる作用です。水の分子同士は、お互いに強い力で引き合っています。このため、球状になる傾向がありますが、界面活性剤が加わると表面張力が低くなり、色々な表面に濡れやすく（広がりやすく）なり、浸透しやすくなります。このため、洗浄の際に溶液が繊維の隙間に入り込んで汚れを除去するのに役立ったりします。界面活性剤の言葉の意味は、水と油（液体と液体）、エアゾール（液体と気体）の界面に作用して、その境界に何らかの活性作用を与える物質を意味しています。

界面活性剤の種類と特徴

			特徴	主な用途
①	アニオン界面活性剤 （陰イオン界面活性剤）	水中で親水基がマイナスイオンになる	洗浄力、泡立ち、乳化力に優れている	シャンプー 石けん ボディシャンプー
②	カチオン界面活性剤 （陽イオン界面活性剤）	水中で親水基がプラスイオンになる	洗浄力や乳化力はないが、殺菌作用、柔軟作用、帯電防止作用を持っている	トリートメント コンディショナー リンス
③	両性界面活性剤	水中で親水基はpHによりプラスにもマイナスにもなる	洗浄力や乳化力は弱いが、殺菌作用や柔軟作用を持ち、刺激が少ない	ベビーシャンプー ボディシャンプー
④	ノニオン界面活性剤 （非イオン界面活性剤）	水中で親水基がイオンの形にならない	泡立ちは良くないが、洗浄力や乳化力に優れ、浸透性を高め、イオン性界面活性剤と併用できる	クリーム 乳液

Chapter 4

Permanent Wave

パーマ＆カーリング
～ダメージを軽減し、ねらい通りのカールのために～

ワインディングの技術だけでは、お客様に喜んでいただける
パーマ剤やカーリング料の施術はできません。
施術前の毛髪診断、その結果を元にした薬剤選定、放置時間や中間水洗など、
すべての工程がパーマ成功へのキーポイントです。
どの薬剤を選べばいいか、なぜ中間水洗が必要なのか、どうやって軟化を判断するのか…
この章をヒントに、お客様も美容師自身も満足のいく施術にしていきましょう。

Chapter 4 ①

MECHANISM of PERMANENT WAVING Ⅰ

パーマのかかる仕組み(Ⅰ)
(側鎖結合の切断と再結合)

毛髪内部の3つの結合がパーマ剤1剤で切断され、2剤で再結合する

パーマは、パーマネント・ウェーブ用剤製造販売承認基準の効能効果で「毛髪にウェーブを持たせ保つ」及び「くせ毛、ちぢれ毛又はウェーブ毛髪をのばし、保つ」とあります。パーマ剤1剤で毛髪中のジスルフィド結合（S-S結合）を切断して、2剤で切断されたジスルフィド結合を再結合するというのがパーマ剤の理論です。

　毛髪の主要成分はケラチンタンパク質であり、そのケラチンタンパク質を構成しているのがアミノ酸です。「毛髪内部の三つの結合」の項で説明したようにアミノ酸どうしが次々と鎖状に結合し、毛髪の縦の方向に多数並び、ポリペプチド主鎖になります。そして隣りあった主鎖どうしは、横につながる側鎖結合（ジスルフィド結合、塩結合、水素結合等）で網目構造を作ります。この結合があるため毛髪は、強度と弾力に富み、折り曲げても直ちに元の形に戻る復元力を持つのです。

　古くからヒトは毛髪にウェーブを与えたいと願ってきました。そのため毛髪が持つ復元力を取り除き、半永久的にウェーブを保つために、いろいろな方法を試みました。そして、毛髪内部の側鎖結合を切断することで、それが可能となることを知りました。

冒頭に説明したとおり、パーマは、毛髪の側鎖結合を切断するパーマ剤1剤と、切断した結合を元に戻すパーマ2剤の組み合わせによってかかります。1剤は還元剤、アルカリ剤、その他の添加剤と水から作られています。この1剤の水とアルカリ剤が、まず毛髪のキューティクルの

すき間から毛髪内部に入り込み、側鎖結合である水素結合を水が切断し、アルカリ剤は塩結合を切断します。そのため毛髪はゆるみ、膨潤しキューティクルのすき間が広がり、還元剤が毛髪内部に入りやすくなります。毛髪内部に入り込んだ還元剤（チオグリコール酸、システイン等）は毛髪中のジスルフィド結合（S-S結合）と反応し、切断されてシステイン（-SH）となります。ジスルフィド結合が切断されると毛髪はさらにゆるみ、膨潤してすき間が広がります。すき間が広がると還元剤がより入りやすくなり、ジスルフィド結合を切断する還元反応が、次のような順序で進みます。側鎖結合が切断される→毛髪はゆるみ膨潤し、すき間ができる→還元剤等の薬剤が毛髪に入りやすくなる→さらに側鎖結合が切断される…。

　この繰り返しで毛髪の還元反応は進み、適切な1剤の反応時間で、ウェーブを作るために必要な側鎖結合の切断が行われます。

2剤は、酸化剤、pH調整剤、その他添加剤と水から作られています。酸化剤（臭素酸塩、過酸化水素など）は、切断されたジスルフィド結合を酸化し、再結合します。このように毛髪内の側鎖結合が再結合すると、毛髪の網目構造も再形成され、毛髪は弾力と強度を取り戻し、収縮して元の状態に戻ります。なお、塩結合は、pHを酸性にすることにより再結合し、水素結合は、毛髪を乾燥させると再結合します。

毛髪の結合の切断と再結合

Permanent Wave

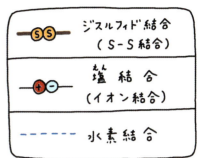

パーマ剤1剤は、毛髪内部の三つの結合を切断します。そして2剤がジスルフィド結合を再結合させるとともに、中間水洗によりアルカリ除去などで塩結合を、乾燥により水素結合をそれぞれ再結合させます。

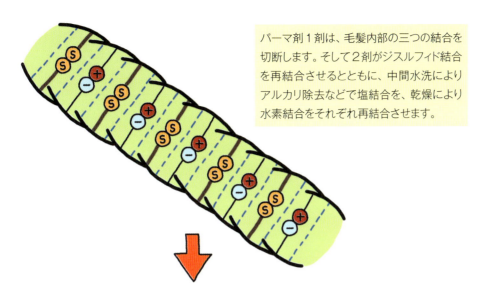

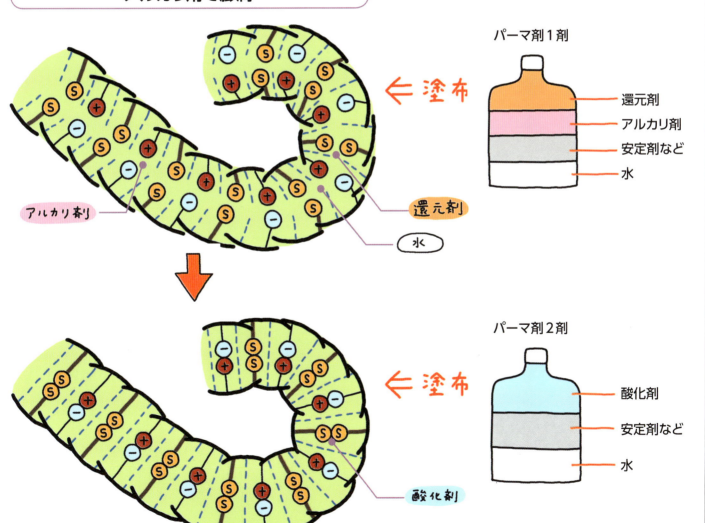

43

Chapter 4 ❷

MECHANISM of PERMANENT WAVING II

パーマのかかる仕組み(Ⅱ)
(結晶領域と非結晶領域)

> ### 1剤で非結晶領域が軟化し、2剤で再度硬化する

パーマのかかる仕組み（Ⅰ）では、毛髪の主鎖に沿った側鎖結合の切断と再結合でパーマがかかる、ということがイメージ的にわかりやすく説明されています。しかし、毛髪は大変複雑な構造をしているため、実際のパーマのかかる仕組みも、より複雑になっています。

パーマのかかる仕組みは、毛髪の微細構造が密接に関係していますので、ここでは微細構造からその仕組みを説明します。

毛髪のコルテックス内は、毛髪の縦方向に沿った、細長い微細繊維を形成している硬い部分（結晶領域といいます）と、それを取り巻くように存在する非定型の柔らかい部分（非結晶領域といい、間充物質とも呼ばれます）に分かれています。

つまり毛髪は、束状に並んだ結晶領域の隙間に接着剤の働きをする非結晶領域が詰まっているような構造をしています。なお、どちらにもジスルフィド結合（S-S結合）、塩結合、水素結合が存在します。

結晶領域は、脱毛剤のようにかなり強い力で処理しない限り反応しない部分で、パーマ剤の力程度ではほとんど影響は受けません。その反面、非結晶領域はとても反応しやすい部分で、パーマ剤や染毛剤は主にこの部分に作用し、効力を発揮します。

毛髪を縦に裂いた断面のコルテックス内は、結晶領域と非結晶領域が交互に存在し、ちょうどサンドイッチのような状態になっています。毛髪がパーマ用のロッドに巻かれると、層状に並んだ内側の非結晶領域は圧縮され、外側の非結晶領域は引き伸ばされます。物理的な力で毛髪が変形された結果、非結晶領域の内部組成に歪みができるということです。

ここに、パーマ剤1剤を作用させると、非結晶領域内のジスルフィド結合は切断されますので、構造がゆるくなり軟化します。これが、テストカールで毛髪が柔軟になった状態です。非結晶領域が軟化したことで、変形して圧縮されたり、引き伸ばされたりしている内部の力を分散するように、非結晶領域の構造は変化します。

この状態で2剤を作用させると、非結晶領域の構造が変化した状態で、切断された非結晶領域内のジスルフィド結合は再結合され硬化します。つまり、非結晶領域内が、新たな構造で固定されますので、毛髪にウェーブ（またはストレート）が形成されるのです。

これは、ちょうど、ロウソクを折れないように曲げて、熱してロウソクを溶かした後、水に浸して溶けたロウを固めると、曲がった形のロウソクができるようなものです。

極度に傷んだ毛髪にパーマがかからないのは、毛髪の非結晶領域が流出してしまっていて、パーマ剤の作用する部分が少ないためです。

パーマのかかる仕組みは、（Ⅰ）でも（Ⅱ）でも、パーマ剤1剤で毛髪内のジスルフィド結合を還元して切断し、2剤で酸化して再結合させることに変わりはありませんので、1剤と2剤の働きを正しく理解することが大切です。

パーマ剤の非結晶領域への作用

Permanent Wave

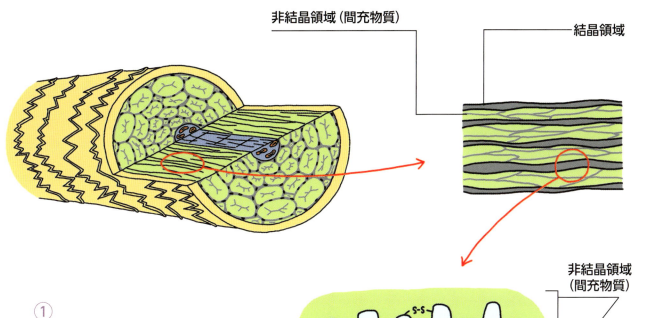

① 結晶領域はパーマ剤の力ではほとんど変化しませんが、非結晶領域はとても反応しやすい部分で、パーマ剤や染毛剤は主にこの場所に作用し効力を発揮します。

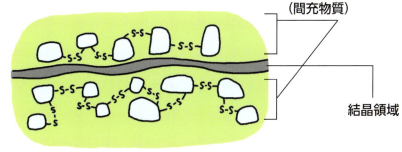

1剤塗布 ↓

② 毛髪がロッドに巻かれると、内側の非結晶領域は圧縮され、外側の非結晶領域は引き伸ばされます。ここにパーマ剤1剤を作用させると、非結晶領域内のジスルフィド結合（S-S結合）は切断され、構造が緩くなり、軟化します。軟化した非結晶領域は、変形して圧縮されたり引き伸ばされたりして、構造が変化します。

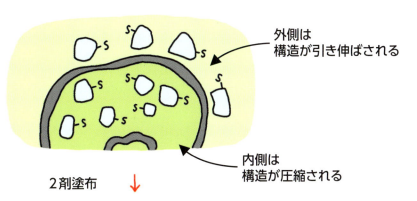

2剤塗布 ↓

③ 非結晶領域の構造が変化した状態で2剤を作用させると、切断された非結晶領域内のジスルフィド結合は再結合され、硬化します。つまり、非結晶領域内が、新たな構造で固定されますので、毛髪にウェーブ（またはストレート）が形成されます。

構造は均一になる

Chapter 4 ③ COMPOSITION of FIRST AGENT of PERMANENT WAVING LOTIONS

パーマ剤1剤(&カーリング料)の基本組成

1剤で大事な成分は還元剤とアルカリ剤

パーマ剤で1番重要な成分は、還元剤です。還元剤は毛髪中のジスルフィド結合（S-S結合）を還元・切断するために必要な成分です。

還元剤には、まず古くから使用され、医薬部外品に配合しているチオグリコール酸とシステインがあります。（システインには、L-システイン、塩酸L-システイン、DL-システイン、塩酸DL-システイン、N-アセチル-L-システインの5種類があります。）

また、チオグリコール酸系パーマ剤には、反応調整剤として、条件により、ジチオジグリコール酸を配合するという決まりがあります。これはチオグリコール酸と毛髪との反応がある程度進行した時点で、反応を止めようとする働きを利用して、過剰に反応を起こりにくくさせ、オーバータイムを防ぐ役割をしています。

さらに近年、化粧品に配合するようになったシステアミンやチオグリセリン、ラクトンチオール、チオグリコール酸グリセリンなど、チオール基（S-H基）を持つ成分もそれにあたります。チオール基を持たずに反応メカニズムが異なる成分は、規制緩和以前から化粧品分類で使用されている亜硫酸塩（サルファイトと呼ぶこともあります）のみです。

極端なことを言えば、パーマ剤の1剤は、還元剤と水さえあれば作ることができます。

しかし、いろいろな髪の状態に対応するためには還元剤の濃度を加減するだけでは不十分なため、それ以外の成分を配合しています。

還元剤の次に重要な成分は、アルカリ剤です。アルカリ剤は毛髪中の塩結合を切断し、膨潤させ薬剤が毛髪の中まで浸透するのを促進すると同時に、還元剤の作用を助ける働きもあります。アルカリ剤にはアンモニア、モノエタノールアミン、アルギニンなどがあります。アンモニアは、揮発性のアルカリ剤で毛髪に残留しにくく、効力の強いパーマ剤が得られやすい利点がありますが、刺激臭が強い欠点があります。モノエタノールアミンは、有機アミンと呼ばれる不揮発性アルカリ剤で、効力の強いパーマ剤が得られやすく刺激臭が無い利点はありますが、毛髪や手指に残留しやすいため、オーバータイムや皮膚刺激を起こす可能性を持つ欠点があります。アルギニンは、塩基性のアミノ酸で刺激臭が無く、皮膚刺激も少ない利点がありますが、アルカリとしては弱い欠点があります。いろいろな髪の状態に対応するためにアルカリ剤の種類や濃度も大切になってきます。例えば、縮毛矯正剤のようにクセ毛を伸ばすためには、効力の強いモノエタノールアミンを使用することが多いなど、用途に応じて使い分けています。

その他、目的に合わせて、毛髪保護剤、油脂剤、保湿剤等の成分の配合も必要になってきますし、水に溶けない成分を水の中に均一に混合するために界面活性剤が配合されることもあります。

さらに、パーマ剤が持つ独特なメルカプタン臭や油臭さをマスキングするために香料を配合したりします。

パーマ剤1剤の基本組成

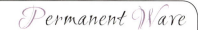

医薬部外品

パーマ剤の1剤を還元剤で分類すると、チオグリコール酸を使った「チオ系」とシステインを使った「シス系」の2種類に大別されます。パーマ剤1剤には、還元剤の他にアルカリ剤や安定剤、その他添加剤などさまざまな種類の成分が配合されています。主な成分の働きや特徴を整理します。

チオ系
- 還元剤：チオグリコール酸アンモニウムなど
- アルカリ剤
- 安定剤
- （反応調整剤）
- その他添加剤
- 溶剤

シス系
- 還元剤：L-システイン、DL-システイン、アセチルシステインなど
- アルカリ剤
- 安定剤
- その他添加剤
- 溶剤

【パーマ剤1剤の成分と働き】

	成分	働き（特徴）
還元剤	チオ系（チオグリコール酸）シス系（システイン、アセチルシステイン）	毛髪中のジスルフィド結合を還元（切断）する
アルカリ剤	アンモニア、モノエタノールアミン、アルギニン	塩結合を切断する。pHを上昇させることで毛髪を膨潤させ、還元剤の作用を高める
安定剤	キレート剤（エデト酸）チオグリコール酸（システインの安定剤として配合）	キレート剤は、チオグリコール酸、システインが、金属イオンと反応して酸化するのを防ぐ。また、チオグリコール酸は、システインが酸化され結晶になりやすいので、その酸化防止剤としてシステインパーマ剤に配合される
（反応調整剤）	チオ系パーマ剤にジチオジグリコール酸を配合	反応調整剤は、チオグリコール酸による還元が一定以上進まないように、反応をおさえる働きがある
その他添加剤	コンディショニング成分、香料など	髪の保護、ツヤ出しなどの効果
溶剤	精製水	上記成分を溶かす

※上図は必ずしも各成分の配合量の割合を示すものではありません

化粧品

医薬部外品との1番の違いはカーリング成分（還元成分）種類です。そのため、ここではカーリング成分について整理します。

カーリング料
- カーリング成分：還元成分
- アルカリ成分：酸性のカーリング料には配合されない
- コンディショニング成分：PPT、油分、シリコーン、カチオン界面活性剤等
- その他の成分：防腐剤、金属封鎖剤、着色料、香料等
- 水：その他溶剤

カーリング成分の種類と特徴

チオグリコール酸	最も一般的なチオール基を持つ還元剤。カール形成力もほど良く、独特の匂いを持つ。
システイン	カール形成力は弱いが、毛髪に対しておだやかに働く。アミノ酸の一種で毛髪内の一成分。
システアミン	1980年代後半期に発売された還元剤。カール形成力は良いが、匂いは独特で残留性がある。
チオグリセリン	カール形成力が良く、匂いなど不快さは少ない。
ラクトンチオール	2006年に市場導入された還元剤。カール形成力が良く、独特の匂いがあるが、残留性はない。
チオグリコール酸グリセリン	カール形成力が強く、刺激臭が少ない。
亜硫酸塩（サルファイト）	チオール基を持たない還元成分。チオール基を持つ還元剤とは反応メカニズムが異なる。匂いは少ないが、カール形成力は弱い。

自主基準：カーリング料に配合されるチオグリコール酸、システイン、アセチルシステインの配合量は、チオグリコール酸換算で2.0％以下
留意事項：チオール基を持つ成分の総計は、チオグリコール酸として7.0％を超えないこと

Chapter 4 **4**   COMPOSITION of SECOND AGENT of PERMANENT WAVING LOTIONS

パーマ剤2剤（&カーリング料）の基本組成

2剤で大事な成分は酸化剤

2剤の重要な成分は酸化剤です。酸化剤は、還元剤で切断されたジスルフィド結合を再結合する働きがあります。医薬部外品では臭素酸塩と過酸化水素の2種類使えます。過酸化水素は、昭和63年（1988年）のパーマ剤の基準改正時に、第2剤の有効成分として使用が認められるようになりました。

　一方、化粧品は臭素酸塩しか使えません。なぜならば、化粧品は化粧品基準にのっとる必要があるためです。化粧品基準とは、化粧品の原料について規定したもので、主に配合禁止成分（ネガティブリスト）と配合制限成分（ポジティブリスト）からなります。過酸化水素は配合禁止成分に指定されています。そのため、化粧品では過酸化水素の使用が認められないのです。

臭素酸塩は、臭素酸ナトリウムが使われていることがほとんどです。臭素酸ナトリウムは、白色の結晶性の粉末で匂いはありません。また、中性～アルカリ性側では安定ですが、酸性では不安定で分解しやすい性質を持っています。したがって、一般に、pHが6～8の中性付近で調整されます。そのため、1剤の残留アルカリの影響をあまり受けない利点があります。また、酸化力は強くないため、10～15分と十分な作用時間が必要であるという特徴を持ちます。なお、仕上がりの質感は、しっかりした、弾力のある仕上がりが得られる傾向にあります。

一方、過酸化水素は無色透明の液体で匂いはほとんどないか、またはオゾンのような匂いがあります。切断されたジスルフィド結合に対する酸化の機構は臭素酸塩とまったく同じですが、作用時間がおおよそ5分と早く、放置時間を短縮できる利点があります。過酸化水素は酸性側（pH3～4）で安定であるため、その範囲で調整されています。過酸化水素は、アルカリ性では分解しやすく、酸化力も強くなりますが、パーマの2剤中に配合される過酸化水素は、ヘアカラー剤や脱色剤の2剤と比較して低濃度であり、液性も酸性であるため酸化作用はずっと穏やかです。

　しかし、毛髪中に残留する1剤のアルカリや還元剤の影響で時には、毛髪を傷めたり、メラニンを分解し毛髪を赤茶化させる欠点がありますので、1剤処理後の中間水洗は必ず実施することが大切です。なお、過酸化水素を2剤に使用したときの仕上がりは、臭素酸塩の2剤を使用したときと比較すると、しなやかに感じられる傾向があります。

ただし、酸化剤の違いによる仕上がりは、各社成分の配合に特徴がありますので、質感に違いがあります。自分の使用しているメーカーの薬剤で、確認してみるのもいいと思います。

　その他、パーマ剤の2剤には、1剤同様、界面活性剤、油脂、PPT、ポリマー、安定剤などの添加剤が配合され、機能を高める工夫がなされています。

パーマ剤2剤の基本組成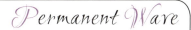

医薬部外品

パーマ剤の2剤には、臭素酸塩（ブロム酸塩）と過酸化水素の2種類があり、それぞれに安定剤や添加剤が配合されています。その成分と働きについて整理します。

臭素酸塩
- 酸化剤：臭素酸ナトリウム
- 安定剤
- その他添加剤
- 溶剤

過酸化水素
- 酸化剤：過酸化水素など
- 安定剤
- その他添加剤
- 溶剤

【パーマ剤2剤の成分と働き】

	成分	働き（特徴）
酸化剤	臭素酸ナトリウム（ブロム酸塩）過酸化水素	1剤の還元剤で切断されたジスルフィド結合を酸化し、再結合させる臭素酸ナトリウムは反応がおだやかな分、放置タイムが長くなる。過酸化水素は反応が強力な分、放置タイムは短時間で済むが、残留アルカリによって過剰酸化が起こると毛髪を脱色させる特徴がある
安定剤	キレート剤（エデト酸）pH調整剤（クエン酸、リン酸塩）	金属イオンが存在すると分解が促進されるため、それを防ぐ働きがある。pHを保ち有効成分を安定させる
その他添加剤	コンディショニング成分、香料、防腐剤など	コンディショニング成分は、髪の保護、ツヤ出しなどの効果。防腐剤は微生物による製品の劣化を防ぐ働きがある
溶剤	精製水	上記成分を溶かす

※上図は必ずしも各成分の配合量の割合を示すものではありません

トリートメント剤

- トリートメント成分：酸化成分
- コンディショニング成分：PPT、油分、シリコーン、カチオン界面活性剤等
- その他の成分：防腐剤、金属封鎖剤、着色料、香料等
- 水：その他溶剤

カーリング料と組み合わせが可能な酸化成分配合のトリートメント剤

化粧品

医薬部外品との1番の違いは、過酸化水素が使えないことです。

【酸化剤の成分と働き】

	成分	働き（特徴）
酸化剤	臭素酸塩等 臭素酸ナトリウム	働きは、上記の「酸化剤」と同様。過酸化水素は化粧品への配合禁止成分のため使用不可

Chapter 4 ⑤ DISTINGUSHING DIFFERENT PERMANENT WAVING LOTIONS

パーマ剤の見分け方

還元剤の種類と量、そしてアルカリ剤、pHに注目！

よく健康な毛髪では、パーマ剤1剤の放置時間を長くしたり、二度付けを行ったりし、傷んだ毛髪では、1剤の放置時間を短くするなどの技法を用いて、薬剤の強弱の調整を行うことが見受けられます。しかし、このような技法では、ちょっとしたミスが大きな事故や毛髪損傷を引き起こしてしまいます。

毛髪に負担をかけないでパーマ施術を行うためには、髪質に適した強さを持つパーマ剤を選択し、基本に沿った正しい施術を行うことが重要です。そのためには、薬剤の様々な情報（有効成分やパーマ剤の持つ数値等）の意味を理解し、総合的に判断することが必要になります。

パーマ剤の強弱は、主にパーマ剤1剤の有効成分である還元剤の種類および量、そしてアルカリ剤、pHによって決まります。パーマ剤1剤の還元力は、毛髪中のジスルフィド結合（S-S結合）を切断する力、配合された還元性物質（チオグリコール酸やシステインなど）の総量を指します。同じpHの場合、毛髪へ作用する力がチオグリコール酸のほうがシステインより強いため、チオグリコール酸系パーマ剤のほうがシステイン系パーマ剤よりも強い力（高い効果）を持ちます。

同じ有効成分同士（チオグリコール酸系パーマ剤同士、またはシステイン系パーマ剤同士）では、有効成分の量の多い方が、その効果は強くなります。そして、この量による強弱の傾向は、システイン系パーマ剤よりも、チオグリ

コール酸系パーマ剤のほうが顕著にあらわれます。

また、通常、パーマ剤には高い効果を得るために、アルカリ剤が配合され、その薬剤独自のアルカリ度とpHを持ちます。アルカリ剤の種類はアンモニア水、モノエタノールアミン、アルギニン、炭酸水素アンモニウムなどがあります。よく「アルカリ度の高いパーマ剤は強い効果を持つ」と勘違いしている方がいますが、確かに単一のアルカリ剤を使用した場合には、その配合量の増加に伴ってアルカリ度も上昇し、〈高アルカリ度＝強いパーマ剤〉となります。

しかし、中性塩（炭酸水素アンモニウム等）を配合すると低pH、高アリカリ度の薬剤が得られますし、現在の製品は複数のアルカリ剤を併用していることが多いため、この単純なルールは適用されません。

使用法で見ると、パーマ剤はコールド式と加温式に分けられます。薬剤自体の強さは加温式のほうが弱いのですが、加温することで薬剤自体の弱さを補うことから、単純に加温式とコールド式の強さを比較することはできません。

このように、パーマ剤の強さは、薬剤自体の持つ性質と使用法（コールド式か加温式か）を考慮し、総合的に判断することが必要です。正確に判断するためには毛束によるパーマ施術を行った結果から、その強弱を判断することが必要になります。

また、パーマ剤の性質などについて製造販売メーカーに問い合わせて確認することも良いと思います。

パーマ剤・アルカリ剤の種類と特徴

Permanent Wave

パーマ剤の種類と特徴

	ウェーブ				縮毛矯正（ストレート）			
	チオ系		シス系		チオ系			
操作温度	コールド式 （室温）	加温式 （60℃以下）	コールド式 （室温）	加温式 （60℃以下）	コールド式 （室温）	加温式 （60℃以下）	高温アイロンを 使用する 加温式 （60℃以下） （※2）	高温アイロンを 使用する コールド式 （室温） （※2）
1剤のpH	4.5〜9.6	4.5〜9.3	8.0〜9.5	4.0〜9.5	4.5〜9.6	4.5〜9.3	4.5〜9.3	4.5〜9.6
還元剤濃度	2.0〜11.0% （※1）	1.0〜5.0%	3.0〜7.5%	1.5〜5.5%	2.0〜11.0% （※1）	1.0〜5.0%	1.0〜5.0%	2.0〜11.0% （※1）
一般的な ウェーブ・ ストレート 形成力	◎〜○	○〜△	○〜△	○〜△	◎〜○	○〜△	◎〜○	◎〜○

※1/チオグリコール酸の濃度が7.0％以上の場合は、超えた分だけ反応調整剤としてジチオジグリコール酸が必ず配合されている
※2/高温整髪用アイロンの使用温度は180℃以下

アルカリ剤の種類と特徴

アルカリ剤の 種類	アンモニア	モノエタノールアミン	アルギニン	炭酸水素アンモニウム
特徴	強い効果を持つパーマ剤が得られる。刺激臭は強いが、揮発性が高いので1剤放置中にpHが下がりオーバータイムになりにくい	強い効果を持つパーマ剤が得られる。刺激臭は弱いが、毛髪に残りやすいので、オーバータイムの心配がある	塩基性アミノ酸の一つで、髪になじみやすい。ただし、アルカリ剤としての作用は弱く、反応がおだやかなので、オーバータイムによる髪へのダメージは比較的少ない	炭酸とアンモニアでつくられた弱アルカリ性のアルカリ剤。1剤のpHが上がりにくく、反応が穏やかなので、オーバータイムの心配は少ない。中性パーマのアルカリ剤として汎用される。強い効果を持つパーマ剤が得にくい

Chapter 4　6　**FEATURES of CURLING LOTION**

カーリング料の特徴

髪質にあわせて様々な特徴をもった還元剤を選択できる

カーリング料とは化粧品カテゴリーの「洗い流すヘアセット料」を指します。カーリング料は、消費者の安全確保を目的として、日本パーマネントウェーブ液工業組合の自主基準が発出されていて、当自主基準は、厚生労働省より通知としても発出していて運用されています。

パーマ剤は還元剤としてチオグリコール酸もしくはシステインが使用されます。一方、カーリング料は一部の成分で配合規制がありますが、チオグリコール酸、システイン、システアミン、チオグリコール酸グリセリル、チオグリセリン、ラクトンチオール、サルファイトなどが使用されています。パーマ剤の2剤に使用できる酸化剤の種類は主に過酸化水素と臭素酸塩の2種類です。一方カーリング料は、2剤の概念はなく、酸化成分として臭素酸塩を配合した製品が上市されていて、過酸化水素は使用できません。これは、化粧品基準により、過酸化水素が化粧品への配合禁止成分になっているためです。

医薬部外品と化粧品の違いは、有効成分があり、効能効果がある製品が医薬部外品、有効成分がなく作用が緩和なものが化粧品です。パーマ剤は医薬部外品であり、有効成分として還元剤および酸化剤の種類と配合量が定められています。化粧品は化粧品基準により、防腐剤や紫外線吸収剤など一部の成分は配合量の上限が決められていますが、それ以外の成分は安全性が確認できれば、配合規制がありません。カーリング料も化粧品である

ことから還元剤の配合量を多くすることは可能です。しかしパーマ剤よりもカール形成力、ストレート効果があるカーリング料が上市されてしまうことになります。また、人体に対する安全性の面からも好ましくありません。それを避けるために日本パーマネントウェーブ液工業組合の自主基準として、カーリング料はパーマ剤よりも還元剤の量を同等以下とすることが定められています。

化粧品であるカーリング料の大きなメリットとして、染毛剤を施術した同日にカーリング料を施術できることがあげられます。安全性の観点から使用上の注意に染毛剤とパーマ剤は1週間あけてから施術することになっていて、染毛剤を施術した日にパーマ剤を施術することはできません。

カーリング料に使用できる還元剤は、還元力が強いものから弱いものまで、またヘアカラーの色落ちを抑えられるものなど様々な特徴をもったものがあります。以前は1種類の還元剤で構成された製品が多かったのですが、近年は複数の還元剤を配合し、それぞれの特徴を上手く組み合わせた製品が開発されています。様々な特徴の還元剤を使用できることから、お客様の髪質にあわせて幅広い提案をすることが可能となりました。これまでにない特徴を持ち、お客様のニーズを満たしたカーリング料を上市すべく、各メーカーで研究開発が続けられています。

カーリング料に用いられる還元剤の種類と特徴

Permanent Wave

HS-CH$_2$-COOH

チオグリコール酸

カール形成力が強いので毛髪へのダメージは比較的大きいですが、
カーリング料に配合できる上限は 2.0% 未満なのでダメージはそれほどではありません。

HS-CH$_2$-CH(NH$_2$)-COOH

システイン

カラーなどの損傷毛に適している還元剤です。毛髪にハリ・コシがでるという特徴があります。

HS-CH$_2$-CH$_2$-NH$_2$

システアミン

分子の大きさが小さいので毛髪になじみやすく、カール形成力が強いのが特徴です。

HS-CH$_2$-COO-CH$_2$-CH(OH)-CH$_2$OH

チオグリコール酸グリセリル

カール形成力が強くて、毛髪が膨潤しにくく刺激臭が少ないという特徴があります。

HS-CH$_2$-CH(OH)-CH$_2$OH

チオグリセリン

分子の大きさが小さいので毛髪になじみやすく、カール形成力が強いのが特徴です。

HS-C$_4$H$_5$O$_2$

ラクトンチオール

分子の大きさが小さいので毛髪になじみやすく、カール形成力が強いのが特徴です。

Na$_2$SO$_3$

亜硫酸塩（サルファイト）

還元力が弱く、毛髪に対して穏やかに作用します。還元剤でただ一つチオール基 (-SH) がありません。
そのため、反応のメカニズムが他と異なります。

53

Chapter 4 **7**　　WINDING WITH and WITHOUT WATER, WHAT is the DIFFERENCE?

「水巻き」と「付け巻き」はどう違う？

かかりやすい髪質に適した「水巻き」とかかりにくい髪質に適した「付け巻き」

「**水**巻き」「付け巻き」とは、ワインディングの際のパーマ剤1剤塗布の方法です。

ただ単に毛髪にパーマ剤を塗布するだけでは、毛髪はウェーブ状にはなりません。当たり前のことですが、ロッドに巻くという、ワインディング操作をしなければウェーブ状にはならないのです。

毛髪をロッドに巻き終わってから1剤を塗布する方法を「水巻き」（ロッドに巻く時に水を用いるため）といい、ロッドに巻く時に、1剤を塗布しながら、あるいは塗布してから巻くことを「付け巻き」といいます。

基本的には水巻きか付け巻きかは、かかりにくい髪質か、かかりやすい髪質かで使い分けるようにします。

かかりやすい髪質、例えば、軟毛、吸水毛、損傷毛などは水巻きでワインディングすると、良い結果が得られるようです。

水巻きは、毛髪を水で濡らしてロッドに巻き、全体を巻き終わった後で1剤の一人分を塗布する方法で、1剤の反応時間を髪質に合せて正確にコントロールすることができます。したがって、かかりすぎによる毛髪のダメージを防ぐことができます。

水巻きは、ロッドを巻き終わってから1剤を塗布するために、特に毛先への浸透に注意して、毛髪全体に1剤がいきわたるように、ていねいな塗布が必要です。一度に多量に塗布してしまうと、頭皮に流れ落ちてしまうこともありますので、数回に分けて塗布するようにします。

一方、かかりにくい髪質、例えば、硬毛、脂性毛、撥水毛、健康毛などは、付け巻きでワインディングすると良い結果が得られるようです。

付け巻きは、パーマ剤1剤を、一人分の約3分の1の量を毛髪に塗布しながらロッドに巻いていきます。ただし、巻き始めの部分と巻き終わり部分については、1剤の反応時間の差によって"かかりムラ"を起こさないように、手早く髪全体に塗布します。もうひとつの方法としては、毛髪をいくつかのブロックに分けて、そのブロックごとに1剤を塗布します。その上で、全体を巻き終わったら、残りの1剤を均等に塗布します。

付け巻きは、毛髪とパーマ剤1剤との接触時間が長くなるため、かかりにくい髪に適しており、水巻きに比べて、しっかりしたウェーブが得られます。ただし、1剤との反応時間が長すぎるとオーバータイムとなり、毛髪を損傷させるおそれがあるので、ロッドに巻く時間も含めた1剤の放置時間には十分な注意が必要です。

また、付け巻きは1剤が付着した髪をロッドに巻きつけるために、毛髪の弾力がなくなり、ワインディングがしやすくなりますが、美容師の手指にも1剤が付着しますので、手袋を着用し、パーマ施術後の手指のケアが大切です。

このように、1剤塗布とワインディングはパーマ施術には欠かせない重要な作業です。仕上がり後のヘアスタイルを左右し、ウェーブの強弱、ウェーブの持ち、毛髪のダメージ等に影響を与えますので、十分注意して行ってください。

水巻きと付け巻きの特徴

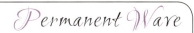

水巻き

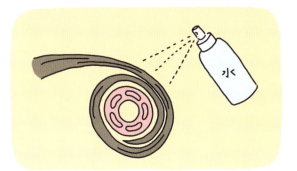

巻き方
ワインディングする時に、髪に水を塗布しながら巻き、巻き終わってからパーマ剤1剤を塗布します。

1剤塗布時の注意
頭髪全体に1剤がいき渡るように、何度かに分けて、ていねいに塗布します。

適した髪質
軟毛、乾性毛、吸水毛などの、
比較的パーマがかかりやすい毛髪や損傷毛。

メリット
巻き終わってからパーマ剤を塗布するので、1剤の反応時間を髪質や毛髪の状態に合わせて正確にコントロールできます。したがって、かかり過ぎによる毛髪のダメージを防ぐことができます。手指に1剤が付着しないので、手荒れ防止に効果的です。

デメリット
巻き終わってから1剤を塗布するので、毛先への浸透が十分でないと、根元と毛先でかかりムラを起こしやすい。

付け巻き

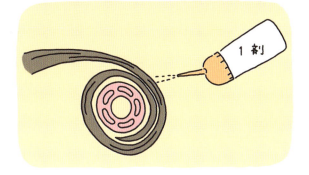

巻き方
ワインディングする時に、1人分の1/3量のパーマ剤1剤を塗布してから、あるいは塗布しながら巻きます。毛髪をいくつかのブロックに分けて、ブロックごとに1剤を塗布しながら巻きます。

1剤塗布時の注意
全体を巻き終わったら、残りの1剤を均等に塗布します。最初と最後でかかりムラを起こさないように、手早く巻きます。

適した髪質
硬毛、脂性毛、撥水毛などの、
比較的パーマのかかりにくい毛髪や健康毛。

メリット
毛髪とパーマ剤1剤との接触時間が長いため、パーマがかかりにくい毛髪でも、水巻きに比べて、しっかりしたウェーブが得やすい。

デメリット
毛髪と1剤との接触時間が長過ぎると、オーバータイムになり、毛髪を損傷させるおそれがあるので、1剤放置タイムに十分な注意が必要。1剤が手指に付着するので、手荒れの心配があります。

Chapter 4 **8**   **CONTROLLING the SOFTING TIME**

軟化と放置タイムの関係は？

テストカールはウェーブの具合を見るものでなく、"軟化"の状態を見るもの

軟化と放置タイムの関係は、複雑に作用しています。ここでは、パーマ剤の1剤についての軟化と放置タイムについて説明します。

一般的なパーマ剤1剤は、還元剤の他にアルカリ剤と水が配合されています。水で水素結合を、アルカリ剤で塩結合を、還元剤でジスルフィド結合（S-S結合）を切断します。1剤でそれぞれの結合が切断された状態を「軟化」といいます。軟化された毛髪は、健康毛と比較し「破断強度（毛髪の強さ）」は、約10分の1、「伸度（毛髪の伸び率）」は数倍になります。

製品によって放置時間の設定が異なるために、パーマ剤に記載されている用法に従うのが基本ですが、1剤の放置時間は、髪質や毛髪の状態、施術時の温度条件によって、放置時間を若干コントロールする必要があります。

では、なぜ放置時間が必要なのでしょうか。毛髪に対するパーマ剤の主な作用は、毛髪とパーマ剤の酸化還元反応ですが、この反応が完了するまでに時間がかかるからです。毛髪内部への薬剤の浸透時間がそれぞれ10分程度かかるので、十分な反応を起こさせるために放置時間が必要なのです。

求めるウェーブに対して適切な太さのロッドを使用し、パーマ剤に記載されている放置時間を守ることが、求めたいパーマをかけるコツともいえます。

1剤を塗布し、適切な放置時間を過ぎると毛髪に大きなダメージを与えます。これを「オーバータイム」と言っています。1剤の適切な放置タイムを極端に越えると、配合されているアルカリ剤によって毛髪の膨潤が過剰となり、2剤を塗布しても元の状態まで収縮できず毛髪表面にしわとなって現れる事があります。オーバータイムは毛髪に大きなダメージを与える要因になるため、注意が必要です。

テストカールは、1剤による軟化の程度を調べるために行うものであり、「ウェーブが出たかどうかを見る」というのは、正確ではありません。

毛髪は軟化されると弾力を失います。この失った弾力の度合いを見るのが、テストカールです。

パーマ剤にはアルカリ性や中性、および酸性タイプの薬剤もあり、これらの薬剤は、浸透力も弱く膨潤も少ないため、軟化もあまり起こしません。また、目的別に様々なタイプの異なる1剤が存在するため、それぞれ軟化度も異なります。

一般的には、標準タイムの80%前後で一度テストカールを行い、その後の放置タイムを決める目安とします。テストカールにはある程度の経験が必要となります。

このようにテストカールを行い、決められた放置時間を過ぎても満足すべき軟化が得られない場合には、いくら放置時間を長くしてもそれ以上軟化は進みません。このような場合は、一度、1剤を洗い流し、新たな1剤を再塗布します。ただし、このようなことがないよう、施術前に髪質に適したパーマ剤を選ぶことが大切です。

軟化と放置タイムの関係

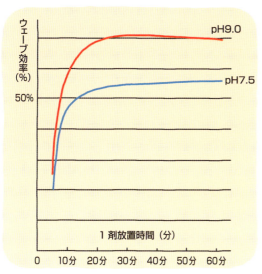

1剤の放置時間とウェーブ効率の関係

パーマ剤は、記載されている用法に従うのが基本です。
1剤の放置時間は、一般的に10分前後です。これは、パーマ剤1剤が髪に浸透し、ジスルフィド結合を切る（還元反応）までに10分程度時間がかかるということです。1剤を塗布したまま長時間放置しても、ウェーブ効率が上がる事はありません。これは、異常な混合ジスルフィドが生成される事により、2剤による十分な再結合ができず効率的なウェーブ生成が行われないからと考えられています。重大な損傷を毛髪に与える原因にもなります。

決められた放置時間が過ぎても軟化が足りない場合は、パーマ剤を流し、新たに1剤を再塗布すると良いでしょう。

テストカールの"正しい"方法

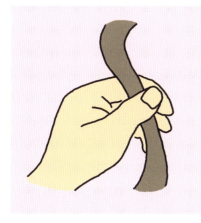

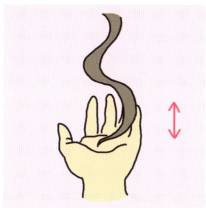

パーマ剤1剤がどの程度毛髪に作用しているか（軟化）を調べるために行うのがテストカールです。「軟化」されて失った毛髪の弾力の度合いを見るために、指で触る、あるいは下から持ち上げて弾力を確認するのが"正しい"テストカールなのです。単に「ウェーブが出たかどうかを見る」というのは、正しくありません。

Chapter 4　⑨　INTERMEDIATE WASHING; WHY NECESSARY?

中間水洗はなぜ必要？

残留アルカリや還元剤を除去することで、
ダメージの進行を抑え、酸化しやすくする

中間水洗は、パーマ剤の1剤を施術後、2剤の塗布前に、1剤の残液を水（あるいはお湯）で洗い流すことです。実際の施術では、この中間水洗を省き、酸リンスなどを使用して、すぐに2剤の塗布を行う場合があるようです。しかし、中間水洗は、毛髪の損傷を防止し、十分なウェーブ効果を得るためには不可欠な操作です。

ではなぜ、中間水洗が必要なのでしょうか。その理由は、次のように二つあります。

一つは毛髪に残留しているアンモニアなどのアルカリ剤や、チオグリコール酸、システインなどの還元剤を除去することです。これらの薬剤が毛髪に残留したままだと、塩結合やジスルフィド結合（S-S結合）の切断が進み過ぎ、毛髪は過膨潤となり、毛髪が傷む原因となります。

中間水洗により、余分な1剤（還元剤やアルカリ剤）を洗い流すことで、毛髪の負担を軽減し、損傷を防止することができます。

もう一つは中間水洗を行うことで、2剤の酸化作用（中和作用ではありません）を促進し、十分な酸化効果が得られることです。酸化作用は酸性サイドで促進されますので、残留アルカリがあると、作用が不十分になります。また、還元剤が残留していると、2剤中の臭素酸塩や過酸化水素などの酸化剤が還元剤と反応して消費され、酸化に必要な酸化剤量が不足し、ウェーブがしっかり固定

されないことになります。

もう少し、細かく見てみましょう。中間水洗を行わず、アルカリ剤や還元剤が毛髪に残留したまま2剤を塗布すると、酸とアルカリの中和反応や酸化還元反応が毛髪中で起こります。すると毛髪中で反応熱が発生しますので、かかりムラや毛髪損傷を起こす危険が出てしまいます。

また、アルカリ剤が残留すると、臭素酸塩タイプの2剤の場合には、酸化固定作用が不十分となり、しっかりしたウェーブが得られないことがあります。

過酸化水素タイプの2剤の場合には、残留したアルカリ剤の影響で、過酸化水素の分解が急速に進んで、「活性酸素」が多量に生じ、過剰酸化による毛髪損傷や毛髪の脱色が起きることがあります。

以上のようなことから、中間水洗の必要性は理解していただけたと思いますが、中間水洗は、髪質の状態やパーマ剤の種類にかかわらず、必要な操作であることを重ねて強調しておきます。

ここで、中間酸リンスについて、少し触れておきましょう。

中間酸リンスを行うと、2剤の作用が効果的であるとの報告もありますが、現状では正式にそのような使用法で許可を得ている製品はありません。そのため、中間水洗を煩雑なものとはとらえずに、本当にお客さまに喜んでいただくために必要な操作と考えて、励行してください。

パーマ施術における中間水洗の効果

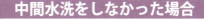

中間水洗をした場合

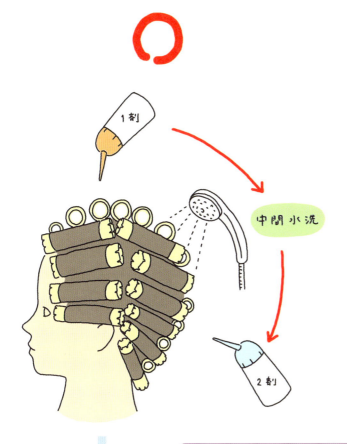

中間水洗をしなかった場合

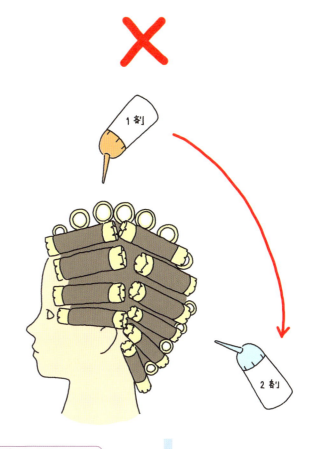

中間水洗をした場合

1. 毛髪のダメージの進行を抑えられる

1剤に含まれるアルカリ剤や還元剤を中間水洗で毛髪から除去することで、髪のダメージが進行するのを抑えることができます。

2. 2剤の酸化作用を促し酸化効果を高められる

中間水洗で毛髪を中性付近に戻し、2剤の酸化作用を促します。そうすることで、十分な酸化効果が得られます。

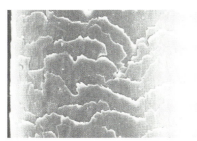

毛髪のダメージの進行を抑えられる

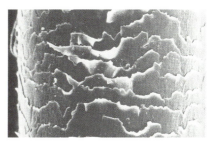

毛髪のダメージが進行する

Chapter 4 ⑩ ROLES and TYPES of SECOND AGENT of PERMANENT WAVE LOTION

2剤の役割と種類

酸化力の強い過酸化水素と、おだやかな臭素酸塩

パーマ剤2剤の働きは、1剤で還元されたジスルフィド結合（S-S結合）を酸化し、再結合することですが、2剤には「臭素酸塩」（臭素はドイツ語でブロム（Brom、元素記号：Br）なので「ブロム酸」とも呼ばれます）と「過酸化水素」を有効成分としたものに分けられます。日本では主に臭素酸塩の2剤が用いられていましたが、最近は過酸化水素の2剤の使用頻度が増えている状況にあります。

過酸化水素と臭素酸塩の違いは、酸化する力と、構造が違うことによる酸化した後に残る成分の違いの2点が挙げられます。

まず、酸化力の違いですが、過酸化水素は脱色剤の2剤に用いられるように、酸性の状態では安定ですが、アルカリ性になるとメラニン色素を分解するほどの強い酸化力を持ちます。そのため、パーマ剤2剤として使用した場合には、臭素酸塩と比較して酸化する力が強いため、放置時間が短くて済む利点があります。反面、この強い酸化力のため、放置時間が長くなりすぎると、酸化が進みすぎてしまい、毛髪損傷を引き起こす可能性が高いという欠点を持っています。

このことから、アルカリ性のパーマ剤1剤を使用し、中間水洗が不十分で1剤のアルカリ剤が毛髪に残っていた場合には、このアルカリ剤により過酸化水素が分解して脱色作用を持つようになり、毛髪が赤茶に変色してしまうことがあります。したがって、中間水洗を十分に行うことが大切になります。

これに対し、臭素酸塩は過酸化水素ほど強い酸化力は持ちませんので、2剤として使用する際には、必要十分な放置時間をとる必要があります。また、アルカリ性になっても、毛髪を脱色するほどの力はありません。

次に、2剤としての働きをした後に残る成分が、その構造から臭素酸塩と過酸化水素では異なります。

過酸化水素を用いた場合には、反応した後に残るものは水だけですので、毛髪には水以外は何も付着していない状態で、本来はしなやかな仕上がりが得られます。

これに対し、臭素酸塩を用いた場合には、反応した後に塩（えん）が生成されるため、これが毛髪に残ることから、引き締まった仕上がりとなります。

しかし、パーマ剤2剤にはさまざまなコンディショニング成分が配合されるため、この本来の仕上がりではなく、配合されるコンディショニング剤の働きによる仕上がりが、顕著にあらわれるのです。

よく、過酸化水素では毛髪が傷むと言われますが、これは薬剤自体の影響ではなく、むしろ施術法（特に放置時間）に問題がある場合がほとんどです。使用上の注意を良く読んで正しく使用すれば、過酸化水素も臭素酸塩も本来の効果と十分な仕上がりが得られます。

では、臭素酸塩2剤と過酸化水素2剤を混合すれば、双方の長所が引き出せるでしょうか。答はノーです。臭素酸塩と過酸化水素を混合すると、過酸化水素により、臭素酸塩が分解し、有毒な臭素ガスを発生します。効果が得られないだけでなく、危険であるため、やってはいけないことなのです。

臭素酸塩(ブロム酸)と過酸化水素の特徴

Permanent Wave

臭素酸塩	過酸化水素
BrO_3	H_2O_2
ゆっくり、しっかり	手早く、しなやか

仕上がりの特徴

反応した後に塩が生成されるため、これが毛髪に残ることから、引き締まった仕上がりとなる。

仕上がりの特徴

反応した後に残るものは水だけなので、毛髪には何も付着していない状態で、本来はしなやかな仕上がりが得られる。

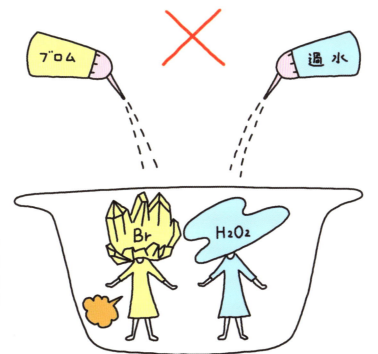

注意

臭素酸塩と過酸化水素を混合しても、双方の長所が引き出せないどころか、過酸化水素により臭素酸塩が分解し、有毒な臭素ガスを発生するため、危険です。

薬剤選定の基本的な考え方

毛髪の状態把握が何よりも大事

　パーマは、薬剤の選定や施術操作により、かかり具合や仕上がりが大きく影響されます。求めるパーマの仕上がりや、パーマをされる方の毛髪の損傷度合などにより、薬剤を的確に選定することはとても重要になります。

　毛髪の状態は、太い・細い、硬い・軟らかい、油っぽい・乾燥している、弾力がある・コシがない、健康毛・ダメージ毛など様々であり、最初にこれらの毛髪の個人差を理解することは、パーマ施術を行う上でとても大切です。

　まず、パーマ剤の1剤の強さは、還元剤とアルカリ剤に関係します。

　医薬部外品のパーマ剤の還元剤は、チオグリコール酸とシステインが主流になります。同じ濃度、同じpHの場合、一般的にはチオグリコール酸系のパーマ剤のほうがシステイン系のパーマ剤よりも毛髪への浸透力が高くなり、毛髪の膨潤度も高くなるためウェーブ効率が高くなります。したがって、一般的にシステイン系パーマ剤のほうが毛髪への作用が低く、毛髪を損傷しにくい特徴を持つので、ダメージ毛の場合はシステイン系パーマ剤が適しています。また、同じ還元剤でもその濃度が高くなるほど毛髪への作用が強くなり、ウェーブ効率も高くなります。

　次に、アルカリ剤ですが、アルカリ剤としての力が強いほどキューティクルが開きやすくなり、還元剤が毛髪内部に入りやすくなります。

　アルカリ剤の種類によっても特徴があり、アンモニアは高アルカリ性・高揮発性の性質を持ち、少量のアンモニアで1剤のpHは大きく上昇します。アミン類で最も広く使われているモノエタノールアミンは、揮発性はなく刺激臭もない、さらにpHを上昇させる特徴を持つアルカリ剤です。中性塩のアルカリ剤である炭酸水素アンモニア（重炭酸アンモニウム）は、これ自体が中性を示すのでこのアルカリ剤を用いた1剤もpHが低くなり、「中性パーマ」などと呼ばれています。

　これらのアルカリ剤とウェーブ効率には関係があり、pHが高くなるにつれて毛髪の膨潤度が増加し、またウェーブ効率も高くなります。

　最初に述べたように、人それぞれによって毛髪の状態が違っていて、ダメージ状態によってパーマ剤の薬剤の選定が重要になり、ダメージ毛に作用の強い薬剤を使うと、さらに損傷が大きくなったり、ビビリ毛の原因になります。また、健康毛に作用の弱い薬剤を用いると想定以上にパーマのかかりが弱くなったりしてしまいます。

　このように、毛髪の状態と薬剤の選定は密接な関係があり、適切な薬剤を選定することはきれいなウェーブを作るために重要になります。

　一方、薬剤選定が適切であってもきれいなウェーブが出ないことがあります。これは、ロッドの選定が適切でないことが原因の一つとして考えられます。ウェーブの形を決めるための基本的な原則として、ロッドの太さの選定が重要であることを忘れてはなりません。一般的には、フルウェーブを得るためにはロッドの直径に対して約3回転が必要といわれていますので、これを基本として、毛髪の長さ、毛髪の状態を考慮して最適なロッド径を選定するとよいでしょう。

　最後に、2剤処理を確実に行い、しっかり酸化させることもウェーブの持ちをよくするために重要になることも覚えておきましょう。

　このように、あらかじめ薬剤の特徴をよく理解しておき、毛髪診断により適した薬剤の選択、さらに求めるウェーブの形状から適したロッド径の選定をし、指定された用法・用量を守り、お客様にパーマを楽しんでいただきましょう。

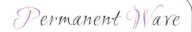

薬剤とウェーブ効率の関係

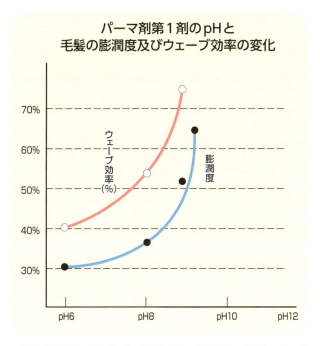

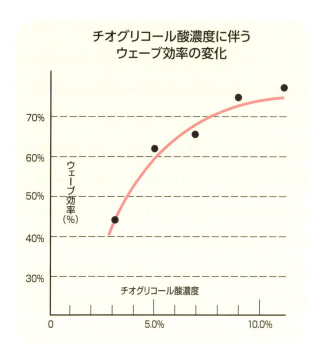

毛髪の膨潤度はpHの上昇に伴って増加します。一般的に高いpHを持つパーマ剤第1剤ほど、毛髪に対する作用が高くなり、ウェーブ効率も上昇します。

第1剤処理時間10分（室温）　アンモニアにてpH9に調整
第2剤処理時間10分（室温）　臭素酸ナトリウム6.0％水溶液
ただしチオグリコール酸7％以上配合の場合、超過分に対する対応量のジチオジグリコール酸を配合

求めるカール、ウェーブとロッド径の関係

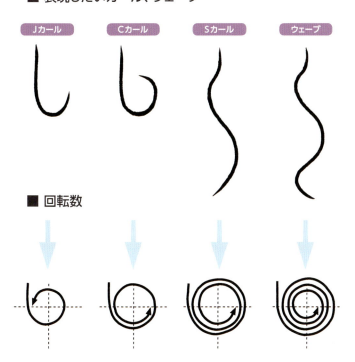

かけたい髪の長さ÷（回転数×3）＝ロッドの大きさ

かけたい髪の長さ	カールに対してのロッドの回転数	ロッドの大きさ
12cm（120mm）	1.5回転	26mm
	2.5回転	16mm
	3.5回転	11mm

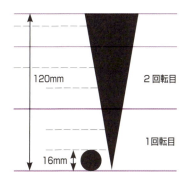

求めるカールに対して「薬剤選定」×「髪の長さ」×「ロッドの回転数と選択するロッドの大きさ」を考慮して施術する必要があります。

Chapter 4 ⑫ WHAT is HOT－BASED PERMANENT WAVE?

ホット系ってなに?

ホット系は、通常のパーマと高温アイロンと何が違うの

パーマ施術において、いわゆる「デジパー」などの「ホット系」パーマ（以下「ホット系」）と呼ばれる施術方法があります。1剤水洗後に専用器具を用いて加温する技法のことです。まず、ホット系パーマの技法について、加温パーマや縮毛矯正のアイロンを用いる技法とどのような違いがあるのかを解説します。

加温式パーマと高温アイロンを使用する縮毛矯正剤は、「パーマネント・ウェーブ用剤製造販売承認基準」により用法が定められておりますが、「ホット系」の用法は承認基準に記載されているものではなく、平成28年3月25日事務連絡「医薬部外品の承認基準等の取扱いに関する質疑応答集（Q＆A）についてのQ45」により通知され、その用法が記載されています。この通知では、「パーマネント・ウェーブ用剤の第1剤を水洗した後、第2剤との間でヘアドライヤーや加温ロッド等用いて乾燥させる行為は必要不可欠な行為に相当しないため、承認申請書に記載が無くても承認の範囲を逸脱するものではなく、用法を逸脱するものではない」とされています。このため「ホット系」は、パーマのカテゴリーに関係なく、施術可能ということになります。

もう一度整理すると、加温式パーマは1剤塗布後の放置時に60℃以下で加温する行為を指します。また、高温整髪用アイロンを使用する縮毛矯正剤は、1剤放置後水洗し、水分を除き高温整髪用アイロン（180℃以下）を使用し操作する製品です。

「ホット系」の工程は、1剤塗布後放置（室温・加温は、予めそのパーマ剤に定められた用法を遵守）後、水洗します。タオルドライ後ホット系専用のロッドでワインディング、加温放置後、2剤を塗布します。市場では、使用するロッドが水濡れ禁止のタイプと水に濡らしても問題ないタイプが

あるため、2剤塗布時に水濡れ禁止タイプのロッドを使用した場合は、ロッドを外してから2剤を塗布する必要があるので注意が必要です。2剤放置タイム終了後は、水洗、仕上げの工程で終了となります。

化粧品カテゴリーのカーリング料においても「ホット系」のカール技法が用いられていますが、パーマ剤と施術工程は同様になります。元々化粧品には、パーマ剤のように1、2剤の概念はなく（化粧品で1、2剤とすることはNG）、それぞれの製品で完結しますので、還元剤を含有する製品と酸化剤を含有する製品の間の制約はありません。ただし、いずれの製品も洗い流す用法であるので、水洗は必ず必要です。

このような技法で施術する「ホット系」ですが、仕上がりに大きな違いが現れます。通常のパーマでは、濡れているときはウェーブが出ていて、乾燥するとウェーブが弱くなるように感じますが、「ホット系」は、濡れているときのウェーブと乾燥したときのウェーブがほぼ同等になります。これは、毛髪が還元されているときにロッドを巻くためです。

近年、ロッドにクリップ等をかぶせ、比較的低温で施術する技法も登場してきています。

前に「ホット系」は、パーマのカテゴリーに関係なくどのタイプのパーマ剤又はカーリング料にも使用可能であるとお話ししましたが、すべての毛髪、すべての製剤が対応しているとは限りませんので使用に際しては注意が必要です。

「ホット系」に対応可能か否かについては、製品を製造販売しているメーカーに問い合わせした上で使用することをお勧めします。

パーマ施術工程　　　*Permanent Wave*

ホット系パーマ

1. 1剤塗布
2. 放置（室温 or 加温）*1
3. 水洗
4. タオルドライ
5. ワインディング
6. 加温放置（乾燥）
7. 2剤塗布
8. 放置
9. ロッドアウト *2
10. 水洗
11. 仕上げ

*1: 用法・用量に記載されている用法に従い、室温または加温を選択する。
*2: 洗うことのできないロッドを使用した場合、2剤塗布前にロッドアウトする。

加温式パーマネント・ウェーブ用剤

1. ワインディング（付け巻き or 水巻）
2. 1剤塗布
3. 放置（60℃以下で加温放置）
4. 水洗
5. 2剤塗布
6. 放置
7. ロッドアウト
8. 水洗
9. 仕上げ

高温整髪料アイロンを使用する縮毛矯正剤

1. 1剤塗布
2. 放置（室温 or 加温）*1
3. 水洗
4. 乾燥
5. アイロン処理（180℃以下）
6. 2剤塗布
7. 放置
8. 水洗
9. 仕上げ

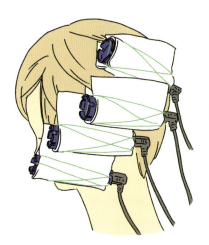

ホット系パーマ

しっかり通電していることを、ロッド1本1本で確認しましょう。

column 4　What is different between cosmetic and quasi-drugs?
化粧品と医薬部外品では何が違うの？

　私たちの日常生活では、気付かないうちに多くの「化粧品」や「医薬部外品」を使用しています。

　朝起きて、顔を洗う「洗顔料」、メイク前の「化粧水」、メイクに使う「ファンデーション」や「口紅」、ヘアスタイルを整える「スタイリング剤」、外出時には日焼けを防ぐ「日焼け止め」や汗の臭いをおさえる「デオドラントスプレー」、帰宅したら「メイク落とし」に、お風呂タイムの「浴用剤」や「シャンプー」、食後の「歯みがき」、気分転換に爪を彩る「マニキュア」、寝る前の「美白クリーム」や「フェイスパック」、などなど・・・。

　他にも、本書で解説している「ヘアカラー」や「パーマ」はもちろん、疲れた時に飲む「栄養ドリンク」や「殺虫剤」等にも化粧品や医薬部外品に分類されるものがあります。

　それでは、化粧品と医薬部外品では何が違うのでしょうか？

【使用目的】

　化粧品や医薬部外品を規制する法律に「薬機法」があります。この法律の中で、その定義や目的が定められています。薬機法によると、化粧品の使用目的は「美容」であり、医薬部外品の使用目的は「予防」であるとされ、使用目的が違います。

　次に、お店で手にとって見ることができる製品パッケージ上の違いについてご紹介します。

【医薬部外品の文字】

　医薬部外品である製品には、必ず「医薬部外品」という文字が記載されています。これは消費者が一目で区別をつけられるように、薬機法によって記載が義務付けられているからです。一方、化粧品には「化粧品」という文字の記載が義務付けられていないので、必ずしも「化粧品」という文字は記載されていません。

【有効成分の文字】

　化粧品や多くの医薬部外品は、消費者が自分に合った製品を選べるように、どのような成分（原料）が配合されているかが記載されています。これを「全成分表示（又は成分表示）」と言います。医薬部外品には効能効果を発揮する成分「有効成分」が必ず配合されているので、「有効成分（又は薬用成分等）」の文字が記載されています。

【成分名】

　化粧品や医薬部外品に使用できる成分（原料）のほとんどは、どちらにも配合することが出来ます。しかし、同じ成分でもどちらに配合されるかによって成分名が異なる場合があります。例えば、保湿成分としてよく使用される成分「グリセリン」は、化粧品では「グリセリン」、医薬部外品では「濃グリセリン」と記載されます。

　皆さんも今度化粧品や医薬部外品を買う時には、ぜひ見てみて下さい。

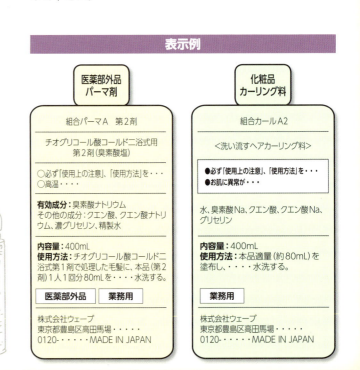

66

Chapter 5

Hair Straightening

ストレートパーマ
~ダメージを軽減し、継続できるストレートパーマのために~

サロンワークにおいて、ストレートパーマを施術する際には高度な技術を要します。
薬剤の特徴や施術の際には、繊細な注意が必要となり、
一歩間違えるとお客様とのトラブルに繋がりかねません。
この章では、お客様とのトラブルを未然に防ぐための薬剤知識、
施術のポイント等の知識を学び、
お客様の求める満足のいくストレートパーマを提案しましょう。

Chapter5 ① TYPES of STRAIGHTING PERMANENT

ストレートパーマの仕組みと種類

アイロンを使うストレートパーマでは、アイロン操作が施術の鍵

ストレートを得ることを目的とする施術には、医薬部外品の縮毛矯正剤、もしくは化粧品のカーリング料（洗い流すヘアセット料）が用いられます。縮毛矯正剤及びカーリング料は、還元剤を含有する製品で、伸ばした状態を保ちやすいように、液状や乳液状ではなく、高粘度のクリーム状やジェル状のものが一般的です。

医薬部外品の縮毛矯正剤と化粧品のストレートを目的とするカーリング料との大きな違いは還元剤、酸化剤です。まず還元剤ですが、縮毛矯正剤の有効成分はチオグリコール酸又はその塩類に限られるのに対し、ストレートを目的とするカーリング料では配合規制はありますが、チオグリコール酸以外にもシステアミン等の様々な成分を使用できます。次に酸化剤ですが、縮毛矯正剤には過酸化水素や臭素酸塩等が使用できるのに対し、カーリング料には化粧品基準により、過酸化水素は使用できません。それぞれ各メーカーによって対象毛などの特徴がありますので、よく確認して選択することが大切です。

縮毛矯正剤やストレートを目的とするカーリング料の技法には、コームスルーによるものとアイロンを用いたものがあります。コームスルーによるストレートパーマの施術上のポイントは、通常のパーマ剤と同様に髪質に適した強さの製品を用い、還元剤を含有する製品でのオーバータイムや酸化剤を含有する製品での酸化不足を起こさないことです。コームスルーの際に、必要以上に無理な力をかけると、毛髪自体が伸びてしまい、それが戻ったときに小さく縮

れる現象（ビビリと呼ばれます）が起こってしまうので、必要以上のテンションはかけないようにします。また、還元剤を含有する製品を毛髪の根元付近まで塗布すると、毛髪が折れて毛切れを起こすことがあるため、根元2cmは空けて塗布することなどが、注意点としてあります。

また、最近では見かけなくなりましたが、パネルと称される板に毛髪を貼る技法は、断毛の危険があることと、縮毛矯正剤の使用上の注意にも記載がありますので、絶対に行わないでください。

一方、アイロンストレートパーマ施術のポイントは何と言ってもアイロン操作にあり、アイロン操作の"良し・悪し"がそのまま仕上がりや毛髪損傷へ直結します。具体的には、還元剤を含有する製品を中間水洗した後、毛髪を乾かす操作がありますが、このときあまり乾燥させ過ぎると、アイロン熱が毛髪に直接伝わってしまい、毛髪が熱変性を起こして損傷しますので、乾燥具合には注意が必要です。必ず各メーカーの指導に従い、適切な乾燥度合いを心掛けることが大切です。

また、「アイロン使用」の表示のある製品を使用してください。高温整髪用アイロンによる操作は、通常のパーマ施術以上に毛髪への負担が大きいため、薬剤自体もアイロン熱を考慮した処方設計となっているためです。アイロンの温度は180℃以下に設定し、一か所への操作時間は2秒以内となっています。

ストレートパーマ技法の比較

コーミングによるストレートパーマ

若干のテンション
根元2cmをあける

コーミング

アイロンによるストレートパーマ

ノーテンション
180℃以下
2秒以内
根元2cmをあける

プレス

アイロンを使用する場合には、必ず「アイロン使用」の表示のある製品を使用しましょう。
アイロン操作は、通常のパーマ施術以上に毛髪への負担が大きいため、
薬剤自体もアイロン熱を考慮した処方設計となっているためです。

ストレートパーマの仕組み

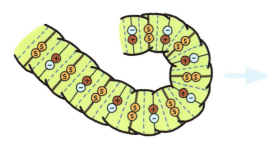 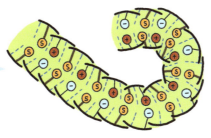 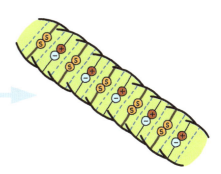

ストレートパーマの仕組みは、ウェーブをつくる仕組みと同じで、
第1剤で毛髪内部の結合を還元し、第2剤で酸化再結合します。
この再結合の際に、曲がった状態なのか、それとも伸ばした状態なのかの違いだけなのです。

Chapter5 **2**   EFFECTS of HEAT on HAIR

髪は熱で変性する？

「乾熱」か「湿熱」かによってタンパク変性する温度が違う

毛髪はヒトの身体の一部で、皮膚の仲間です。医学的には皮膚付属器官と呼ばれます。

毛髪の主要成分はタンパク質で、シスチンを多く含むアミノ酸で構成されているケラチンタンパク質という物質です。一般にタンパク質は20種類のアミノ酸からできていて、そのアミノ酸の種類や含有量の違いによって形状や性質は大きく異なります。ケラチンタンパク質は、他の身体を形成しているタンパク質より丈夫で変化しにくいもので、毛髪、爪などは硬タンパク質と呼ばれます。

しかし、いくら丈夫で変化しにくいといっても、どんなものにも耐え得るというわけではありません。外部からのさまざまな影響を受けて毛髪は変化します。ここでは、熱が髪に与える影響について詳しく説明します。
生卵をゆでたり焼いたりすると、液状の生卵が固くなるように、タンパク質は熱で不可逆的な（元に戻らない）変化をすることが知られています。

毛髪のケラチンタンパク質は、タンパク質の中でも熱に強いのですが、過度な高温になると硬くなるなどの変化が起こります。ケラチンタンパク質は通常、網目状でラセン状の"立体型（α型）"ですが、高温になるとシート状の"平面型（β型）"のケラチンに変わり、立体構造が破壊されます。このような現象をタンパク変性といいます。ところで、熱には「乾熱」と「湿熱」があり、毛髪に与える影響が違います。例えば、乾熱である70℃〜80℃でのサウナには平気で入れますが、湿熱であるお風呂は42℃ぐらいから熱くて入れないと感じるように、熱の種類によって及ぼす影響が異なります。

乾熱による影響

毛髪は120℃ぐらいから膨らみ、130℃〜150℃で変色が始まります。そして270℃〜300℃で焦げて分解します。毛髪の強度は80℃〜100℃で弱くなり始め、化学的には150℃前後からシスチンの減少が見られ、180℃になるとケラチンの構造が変化して、タンパク変性が起こります。
ちなみに180℃に設定したストレートアイロンにて適切なスルースピード・回数で施術した場合の毛髪温度は120℃程度となり、タンパク変性は起こりません。一方で、一か所に長時間アイロンをプレスしたり過剰なスルー回数をすると、毛髪の温度は120℃を超えてタンパク変性などの熱ダメージを起こしてしまう場合があるので注意が必要です。

湿熱による影響

化学的にはシスチンの減少が100℃前後から見られ、130℃で"立体型"から"平面型"のケラチンに変わります。乾熱より湿熱のほうが、低温で毛髪に影響を与えます。

美容室においてドライヤー、ヘアアイロン等の加温器具を用いて毛髪を取り扱うことは日常的に行われていますが、これらの器具は使用方法を誤ると毛髪に熱ダメージを与えてしまう可能性があるということを意識して、慎重に素早く作業することが重要です。また、健康な毛髪は通常、約12〜15%の水分を含んでいます。毛髪は常に濡れている状態と考えて下さい。加温器具の取扱いには十分な注意が必要です。

健康毛と熱変性を起こした髪

毛髪は、乾熱では180℃から、湿熱では130℃からタンパク変性が起こります。
下の写真は、健康毛の表面・断面と熱でタンパク変性を起こした毛髪の表面・断面を電子顕微鏡で撮影したものです。

健康毛

健康毛の表面

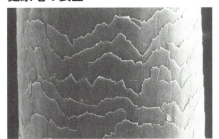

キューティクルはきれいに並び、しっかり円筒形を保っています。

健康毛の断面

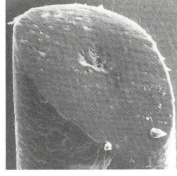

コルテックスがぎっしり詰まって、メデュラも見えています。

過度な熱処理や急激な加熱は、毛髪が元に戻らない熱ダメージを与えてしまうことがありますので注意しましょう。

熱ダメージを受けた毛髪

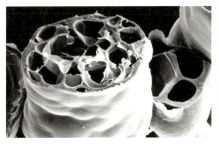

熱でダメージを受けた毛髪の断面

過度のアイロン処理により、激しい空洞化が起きています。

熱でダメージを受けた毛髪の表面①

高温のアイロンで強く圧迫されたことにより毛髪が変形しています。

熱でダメージを受けた毛髪の表面②

急激な加熱により、毛髪内部の水分が膨張し、一部が膨らんでいます。

熱でダメージを受けた毛髪の表面③

急激な加熱により、毛髪内部の水分が蒸発して空洞となり、冷却されることで外観が凹んでいます。

※『パーマの科学』（新美容出版刊）より

Chapter5 ③ CAUSES of VERY DAMAGED HAIR and PREVENTION

ビビリ毛発生の原因と対策

ダメージ毛はビビリやすい。再生不能なビビリ毛にさせないために

髪の毛が「ビビッた」とか、「チリチリになった」という声とともに、ビビリ毛という言葉を耳にすることがあります。毛髪の傷みが蓄積し、さらに大きなダメージを受けると、いわゆる「ビビリ毛」という、大変困った状態になることがあります。

いわゆるビビリ毛とは、特に縮毛矯正（ストレートパーマ）やホット系パーマなどの加熱する施術で、毛先やネープ（襟足の生え際）部分が縮れてしまうような状態を表現したものです。ビビリ毛は、特に毛先に発生しやすく、その外観は細く縮れたように見えます。

原因としては、以下の4点が考えられます。

● **必要以上に強い薬剤を使用し、
毛髪が膨潤し過ぎた場合**

● **コーミングでテンションをかけ過ぎた場合**

● **アイロンの温度設定が高すぎたり、一か所にアイロンをあてすぎて毛髪の温度が上がりすぎた場合**

● **アイロン前の乾燥が十分ではなく、毛髪内部に残った水分が、アイロン処理と同時に気化し、毛髪内部で水蒸気爆発を起こした場合**

どの場合も、元の毛髪のダメージ度合いが強い場合に見られることが多いようです。毛髪はダメージを受けると、毛髪本来の保護機能を失い、薬剤の影響を受けやすくなります。特にアルカリや還元剤濃度が高い薬剤は、毛髪の膨潤（膨らませる）力も強く、過剰に軟化することがあります。毛髪が過剰に膨潤すると、毛髪は横方向に膨らみ、縦方向には短くなります。その結果、毛髪が縮み、ビビリ毛を引き起こすと考えられます。（P73「ビビリ毛の例」参照）

毛髪がいったんビビリ毛になってしまうと、元に戻すことはできません。毛髪は死んだ細胞ですので、再生する力は無いからです。そのため、毛髪がビビリ毛になってしまった場合は、切る以外に解決策は無いのが現状です。ビビリ毛を発生させないためには、予防がまず重要であり、前に挙げた4つの原因に注意するということが大切です。特に、毛髪のダメージ度合いが高いほど、薬剤の影響を受けやすくなりますので、まずは、毛髪を過度にダメージさせないことを心がけましょう。

また、特に熱処理を伴う縮毛矯正やホット系パーマ等の処理は、ビビリ毛を発生させる直接的な原因になりますので、これらの施術を行う前には、毛髪診断を十分に行い、薬剤選定を見極めることが大切です。

熱処理を伴う縮毛矯正やホット系パーマの施術は、美容の施術の中では、特に高度な技術と知識が必要とされます。ビビリ毛を発生させないためには、正しい知識と技術の習得が何よりも大事となるでしょう。そのためには、ウイッグ等を用い、アイロンや加熱器具の操作に十分習熟し、かつ、注意して施術を行うようにしましょう。

ビビリ毛の状態

ビビリ毛の例

ホームカラーを過度に繰り返してハイダメージになっていた毛先に、アルカリが過剰作用したためと考えられます。

ホームカラーを過度に繰り返してダメージしていた髪に、ホット系パーマの熱が過剰作用したためと考えられます。

ハイトーンカラーを過度に繰り返していた髪に、カーリング料が過剰作用したためと考えられます。

毛髪はアルカリや還元剤で膨潤する

（10cm）パーマ処理前 未処理毛
（9.8cm）適正なパーマ処理
（8.5cm）過剰なパーマ処理

毛髪はパーマ処理によって長さが縮みます。長さが縮むのは、毛髪がアルカリや還元剤によって膨潤するためです。過剰なパーマ処理を行うと、毛髪が激しく膨潤し、ビビリ毛を発生させる原因になります。

過還元でビビリ毛になる

強めのアルカリ還元剤を塗布して、アルミホイルで包み180度の熱を当てたもの。アルカリと高熱で過還元となり、ビビリ毛の状態となっています。

※「marcel」2015年12月号（新美容出版刊）より

column ⑤

酸化と還元

Oxidation and reduction

　10円玉は銅で作られています。新しい10円玉は、銅特有のピカピカの褐色ですが、古くなってくると鈍い褐色になります。この変化は、10円玉が空気中の酸素で徐々に「酸化」されて変色したものです。化学的には「10円玉が空気中の酸素で酸化された」と言えるわけです。

　では、古くなって変色した10円玉を、元のピカピカの銅褐色に戻すには、どうすればいいのでしょうか。それは、還元剤を作用させることで実現できます。例えば、還元剤が入っているパーマ剤1剤で10円玉を洗えば、簡単にピカピカになります。酸化された銅（10円玉）から酸素を奪う「還元」作用によるものです。これを化学的に言えば「酸化された古い10円玉は、パーマ剤1剤の還元剤で還元された」ということになるのです。

　パーマ剤は、この酸化・還元反応を利用して毛髪にウェーブやストレートを与えます。また、染毛剤や脱色剤（ブリーチ剤）も、酸化反応を利用して染毛や脱色を行っています。

　酸化・還元を行うには酸化作用のある物質（酸化剤）、あるいは還元作用のある物質（還元剤）が必要です。パーマ剤や染毛剤の2剤に用いる酸化剤には、臭素酸ナトリウムや過酸化水素などがあり、還元剤にはチオグリコール酸やシステインなどがあります。その強さ（酸化力・還元力）は物質によって違います。また、酸化・還元は、使用時（反応時）の条件（酸化剤・還元剤の種類や濃度そして使用時温度等）によって反応速度が変わります。一般的に、温度が10℃上がると、反応速度は2倍になると言われています。

　酸化・還元を利用したものは、生活の中にも多く見受けられます。

　例えば、家庭で使用しているガスレンジは酸化反応を利用しています。ガスが空気中の酸素と反応して（酸化して）、光や熱を放出しています。あるいは、釘やトタン板などの鉄製品が、長い間に空気中の酸素と反応して錆びるという現象は、物

質が酸素と化合（酸化）しているのです。なお、一般的に物質が酸化される時には、熱を放出します。使い捨てカイロは、この酸化反応熱を利用して作られたものです。

　最後に、酸化・還元の化学的な定義を紹介しておきましょう。

[酸化]
① 物質が水素を失う
② 物質が酸素と化合する
③ 原子やイオンから
　電子が失われる

[還元]
① 物質が酸素を失う
② 物質が水素と化合する
③ 原子やイオンが
　電子を得る

酸化と還元は、まさに正反対の反応なのです。

Chapter 6
Hair Dye

ヘアカラーⅠ（染毛剤）
〜ダメージを軽減し、狙い通りの色味を出すために〜

一般にヘアカラー剤とは、酸化染毛剤を意味します。
酸化染毛剤は、毛髪を染色することと脱色することが1度にできる薬剤です。
そのため、染色に必要な成分、脱色に必要な成分やそれらの仕組みを知ると、
選択する薬剤の幅が広がり、お客様の髪をきれいに染め続けることができます。
この章ではヘアカラーの性質を理解し、
仕上がりのきれいなヘアカラー施術に繋げていきましょう。

メラニン色素と毛髪の色の関係

「ユーメラニン」と「フェオメラニン」の量と割合で髪の色は決まる

毛髪の色は、人種により、黒、ブラウン、赤、ブロンドなどいろいろありますが、それらの髪色はメラニン色素によって決まります。

一般的に毛髪の色は、メラニン色素の量が多い順に〈黒→ブラウン→赤→ブロンド→白〉となります。また、同じメラニン色素量でも色素の大きさで毛髪の色は変わります。色素の大きい方が黒、小さければ赤やブロンドになります。

このように毛髪の色は、メラニン色素が大きく、そしてたくさんあれば、光を吸収して黒く見えます。反対に色素が小さく、少なければ、光を反射して白く見えます。メラニン色素をもう少し詳しく見ると、黒褐色系の「ユーメラニン」と黄赤色系の「フェオメラニン」の2種類にわけることができます。実際の髪の色は、この2種類のメラニン色素の量と割合で決定されます。

日本人の毛髪は、ユーメラニンの他に、少量のフェオメラニンの双方を含み、黄～赤みを帯びた黒色をしているのが特徴です。

一方、欧米人はユーメラニンをほとんど含まず、フェオメラニンを多く含むため、黄赤系の色味を持っています。

ユーメラニンは過酸化水素等の酸化剤で分解されやすい性質を、フェオメラニンは酸化剤で分解されにくい性質をそれぞれ持っています。日本人の毛髪を繰り返しブリーチしても黄色が残るのは、酸化剤で分解されにくいフェオメラニンを含むためです。

メラニン色素の元となる色素細胞は皮下毛包内に存在し、毛髪にメラニン色素を供給しています。

メラニン色素は、メラニンという物質がタンパク質と結合してメラノソームという米つぶ状の顆粒となることで形成されます。このメラニン色素は、毛髪のコルテックス内に存在し、特にキューティクルの近くでドーナッツ状に分布しています。

白髪は、メラニン顆粒がなんらかの要因で、ケラチンタンパク質に転送されなくなることが原因とされ、老化現象のひとつとされています。

毛髪の毛球部と呼ばれる部分に、毛髪自体を生成する毛母細胞（ケラチノサイト）と、メラニン色素を生成する色素細胞（メラノサイト）の二つの細胞があります。一般的には、毛母細胞は活発に機能しているのに、加齢により色素細胞がメラニン色素を生成しなくなった場合に白髪が生えてくると考えられます。毛髪が病気でない限り、突然生えなくなるのではなく、徐々に細くなったり、まばらになったりしていくのと同様に、白髪の場合も年齢とともに増えるのが普通です。

加齢による白髪は、老化現象のひとつで異常とは言えません。しかし、20歳以前に10％以上の白髪があれば異常と考えられます。

また、白髪の発生はかなりの個人差がありますが、日本人の平均的な白髪の発生年齢は35歳頃で、頭髪の半分が白髪になる年齢は55歳くらい、と言われています。さらに、白髪は遺伝的な影響もあり、親が若白髪なら、その子供にも若白髪が多いようです。若白髪の場合、栄養障害（ビタミンAや鉄分の不足）により起こる場合と、ストレスにより白髪になりやすくなることもあるようです。

色素細胞（メラノサイト）

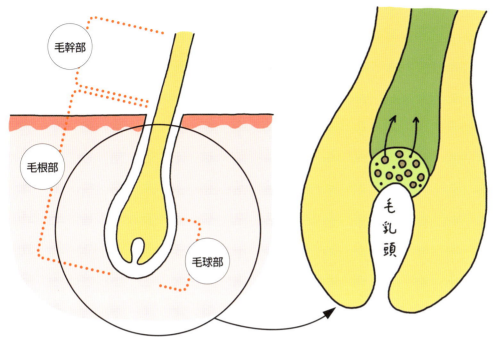

毛球部には、毛髪自体を生成する毛母細胞（ケラチノサイト）と共に、メラニン色素を生成する色素細胞（メラノサイト）の二つの細胞があり、毛髪は色素細胞からメラニン色素を供給されながら発育していきます。

● 毛母細胞（ケラチノサイト）
• 色素細胞（メラノサイト）

黒髪と白髪の断面比較

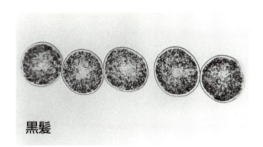
黒髪

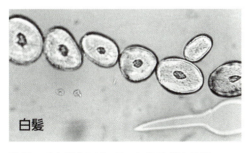
白髪

黒髪の毛皮質中にはメラニン色素があるが、白髪にはありません。

※「パーマの科学」（新美容出版刊）より

メラニン色素の量と毛髪の色

一般的に毛髪の色は、メラニン色素の量の順に〈黒→ブラウン→赤→ブロンド→白〉となり、同じメラニン色素量でも大きさが大きいと黒、小さければ赤やブロンドになります。

Chapter6 **2**

TYPES of HAIR DYES and CHARACTERISTICS

染毛剤の種類と特徴

> リフト力を必要とするのは「おしゃれ染め」、それほど必要としないのが「白髪染め」

髪を染めることは、紀元前3500年前のエジプト時代から行われていたと言われており、動植物や鉱物等の自然界に存在する色素で、毛髪に色をつけていました。近代は、人工的に作られた色材を用いて染毛します。

現在、ヘアカラーには数多くの種類があります。毛髪に色をつけるメカニズムは、色材を「物理的」に毛髪につけるものと、「化学的」な反応を伴って染着するものがあり、それは用いられる色材によって決まります。

化学反応による染毛は、シャンプーや太陽光などによる影響に耐えて2～3か月は色落ちしないため「永久染毛剤」に分類されます。一般的に「白髪染め」や「おしゃれ染め」と呼ばれるものは、酸化染料を有効成分としたもので、酸化染毛剤（染毛剤）と呼ばれます。

日本人の毛髪は黒髪であるため、その上から色を染めても種々に変化させることが出来ません。そのため、黒い毛髪を脱色（ブリーチ）して染色することが必要になります。酸化染毛剤は、酸化発色と脱色を同時進行で行うため、黒い毛髪でも種々の色に染め上げることが出来るのです。

毛髪を明るくする脱色のみを目的とした「脱色剤（ブリーチ剤）」もあり、黒い毛髪を適度に脱色し、好みの明るさにします。

脱色剤には、毛髪の脱色のみを目的としたものと、染毛剤で染めた色まで分解する「脱染剤」があります。脱色剤は、通常、アルカリ剤を含む1剤と、過酸化水素を含む2剤からなりますが、脱染剤はこれに過硫酸塩などの酸化促進剤が加わったもので、強力な脱色力を持ちます。そのため脱染剤は、毛髪に対する影響も大きくなりますので、使用方法を守り、慎重に取り扱うことが大切です。

黒い毛髪を様々な色で染めることを"おしゃれ染め"といい、一般的に黒い髪を明るく染め変えることです。そのため、明るく染めるほど、脱色（ブリーチ）作用を強くしなければなりません。ただし、脱色作用が強くなるにしたがって毛髪への負担も増大しますので、適切な施術が必要です。

もう一つ、白髪を黒髪にすることを"白髪染め"といいます。もちろん、白髪の"おしゃれ染め"を含めて、白髪を好みの髪色に染め上げます。白髪に染着させるためには、毛髪を脱色させる力はそれほど必要とせず、酸化染料を発色させるだけで十分です。そのため、毛髪への負担の少ない低アルカリタイプの1剤が多いようです。

酸化染料は、ごくまれに肌の弱い方等にアレルギー性の皮膚炎を起こすことがあります。使用時には、用法・用量および使用上の注意を守り、染毛剤が皮膚に付着しないように心がけることが重要です。

そして、使用の前には必ずパッチテストを行い、アレルギーの有無を確認してください。アレルギーを起こす可能性のある方には、酸化染料による染毛ではなく、ヘアマニキュア等による酸性染料の染毛をお勧めします。

ヘアカラーの分類

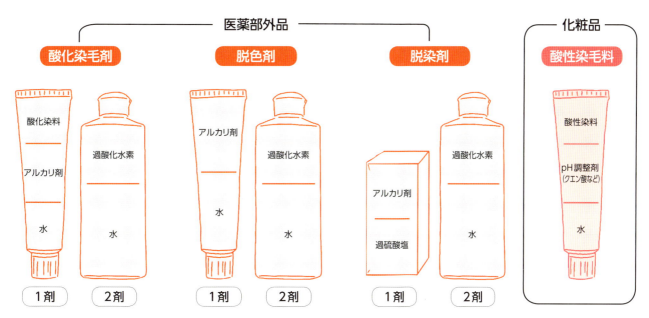

※注／上図は必ずしも各成分の配合割合を示すものではありません

ヘアカラーの分類

薬機法上の分類	医薬部外品			化粧品	
種類	酸化染毛剤 （永久染毛剤）	脱色剤	脱染剤	酸性染毛料 （半永久染毛料）	毛髪着色料 （一時染毛料）
主成分	第1剤： 　酸化染料 　アルカリ剤 第2剤： 　過酸化水素水	第1剤： 　アルカリ剤 第2剤： 　過酸化水素水	第1剤： 　アルカリ剤 　過硫酸塩 第2剤： 　過酸化水素水	酸性染料 クエン酸など	無機顔料 法定色素
液性	第1剤： 　アルカリ性 　（酸性のものもある） 第2剤： 　酸性	第1剤： 　アルカリ性 第2剤： 　酸性	第1剤： 　アルカリ性 第2剤： 　酸性	酸性	中性
毛髪への作用	白髪染めから明るい おしゃれ染め 色持ちは2〜3か月	毛髪を明るくする メラニン色素の分解	染毛した色を薄くする 毛髪を傷めやすい	白髪染めからおしゃれ染め （黒髪を明るくできない） 色持ちは2〜3週間	一時的着色 1回のシャンプーで 色が落ちる
皮膚への影響	人により かぶれることがある パッチテスト必要	人により刺激がある	人により刺激がある	刺激は少ない	刺激は少ない
商品呼称の例	ヘアカラー ヘアダイ 白髪染め おしゃれ染め	ヘアブリーチ ヘアライトナー	ブリーチパウダー パウダーブリーチ デカラライザー	ヘアマニキュア カラーリンス カラートリートメント	カラースプレー カラークレヨン ヘアマスカラ

Chapter6 ③ 　MECHANISM of HAIR DYE

酸化染毛剤の染毛の仕組み

メラニン色素を分解して、髪を脱色しながら染色する

ヘアカラーは、物理的に毛髪を染色する化粧品の染毛料と、化学反応を利用して染色する医薬部外品の染毛剤に分類されます。

医薬部外品である染毛剤には酸化すると発色する性質を持つ染料（酸化染料）が、有効成分として配合されますので、「酸化染毛剤」と呼ばれます。この酸化染料の代表的なものがパラフェニレンジアミン（パラミンと略称されます）です。

酸化染毛剤で髪を染めるときは、酸化染料の入った1剤と、過酸化水素が入った2剤を混合してから、毛髪に塗布・放置して使用します。この混合する操作が、酸化染毛剤の染毛の仕組みと深く関係しています。一般的に、酸化染毛剤は高い効果を得るために、アルカリ性に調整されています。このアルカリ性の酸化染毛剤1剤・2剤の最も簡単な組成は、

・1剤＝酸化染料＋アルカリ剤＋水

・2剤＝過酸化水素水＋水

となります。この1剤と2剤を混合すると、混合液はアルカリ性になりますので、過酸化水素が分解されて活性酸素を放出します。放出された活性酸素は、毛髪中のメラニン色素を分解すると共に、酸化染料を酸化して発色させます。酸化染料が酸化されて発色するのは、酸化染料が数多く集まる「重合」という化学反応が起こるためです。"塵も積もれば山となる"ということわざのように最初は色を持たない小さな分子の酸化染料が、毛髪の奥深くまで浸透し、毛髪の中で酸化され染料同士が数多く集まって、目に見える色を持つようになります。また、数多く集まった酸化染料は、毛髪内で大きくなっていますので、簡単には毛髪の外に流れ出ないために、長期間色が持続するのです。

このように、酸化染毛剤は、毛髪の脱色（ブリーチ）と酸化染料による染色を同時に行い、染毛する仕組みを持ちます。したがって、酸化染毛剤を使用すると、元の髪の色よりも明るく、あるいは暗く、髪色を大きく変化させることができます。また、時間と共に毛髪内の酸化染料は分解しますので、褪色という現象が起こります。染毛時には脱色も同時に行われますので、褪色後の毛髪の色は、元の髪色よりも明るくなります。

市場には、「中性」の酸化染毛剤や「酸性」の酸化染毛剤もあり、1剤のpHが中性や酸性である酸化染毛剤を指します。これらは、2剤と混合した時のpHが、アルカリ性の酸化染毛剤を使用したときよりも低くなるという特徴があります。そうなると、2剤に含まれる過酸化水素の分解量が少なくなるため、毛髪を脱色する（メラニンを分解する）力も弱くなります。そのため大きく髪色を変化させることが出来なくなります。

しかし、毛髪に塗布した混合液のpHは低いので、髪の膨潤度が低くなり、このことから髪への負担がアルカリ性の酸化染毛剤を使用した場合と比較して、軽減されるメリットがあります。

このように、酸化染毛剤は1剤と2剤を混合し、化学反応によって染毛するものですので、施術に当たっては1剤と2剤は均一に十分に混合すること、混合後は素早く均一に塗布することが大切です。なお、時間の経った混合液は効果が落ちますので、使用しないでください。

酸化染毛剤の"染毛"のしくみ

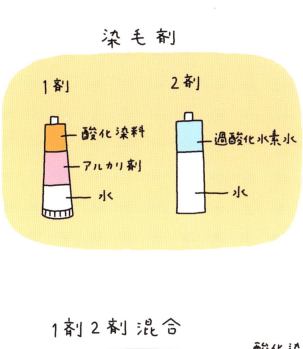

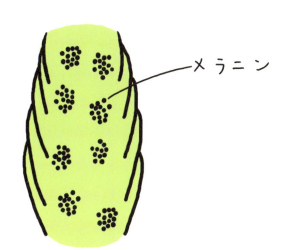

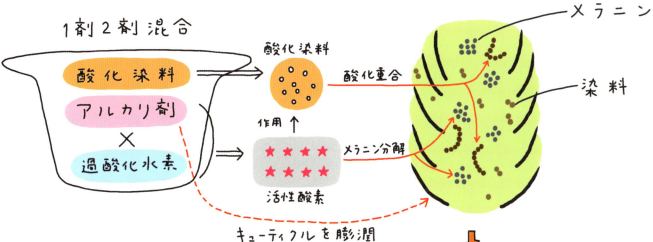

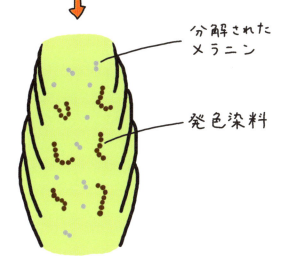

染毛剤の1剤と2剤を混合して毛髪に塗布すると、アルカリ剤、過酸化水素、酸化染料が働き、①アルカリ剤が毛髪を膨潤させ、②過酸化水素が分解されて活性酸素が放出され、③その酸素がメラニン色素を分解し、④同じくその酸素が酸化染料を酸化して（染料同士が数多く集まって）発色させる…という複数の反応が、毛髪内部で同時に起きています。これが染毛剤の染毛の仕組みです。

Chapter6 ④ DIFFERENCE in DECOLORING and DYEING DEPENDING on OX CONCENTRATION

過酸化水素(OX)濃度による脱色・染色の違い

高濃度の過酸化水素ほど脱色力は強くなり、低濃度のOXほど毛髪への影響が少ない

染毛剤（酸化染毛剤）の1剤と2剤。1剤はお客様によって使い分けているけど、2剤は使い分けなくていいの? このような疑問を持ったことはありませんか。ここでは、染毛剤の2剤の役割について、少し考えてみましょう。

2剤に配合されている有効成分は、過酸化水素（OX、オキシ）です。過酸化水素は、pHが上昇すると「活性酸素」を放出して、水になります。

過酸化水素が発生する「活性酸素」は、空気中に存在する酸素よりも強い"酸化力"があります。この強い酸化力によって、1剤に配合されている染料を酸化し重合させ、染毛します。

この活性酸素のもう一つの働きは、毛髪中のメラニン色素を分解して、毛髪を明るくする働き、いわゆる脱色です。同じ活性酸素が、染色に作用する酸化重合と、脱色に作用する酸化分解という、性格の異なる2つの作用を同時に行っているのです。

活性酸素の酸化する力に注目すると、染毛に対する酸化重合と、脱色（メラニン色素の分解）に対する酸化分解では、どちらも同じくらいのパワーが必要なのでしょうか。

答えは、酸化分解（脱色）に比べて、酸化重合（染毛）に必要とする活性酸素のパワーは小さくてすみます。したがって、染毛剤では配合されている染料の量にもよりますが、過酸化水素は1%程度あれば十分ということです。

一方の脱色には、相当量の活性酸素が必要になります。日本では薬機法により、過酸化水素濃度は6%以下と定められていますので、6%の配合が最大です。しかし、高アルカリの1剤と6%の過酸化水素を使用しても、明度レベル

で10〜12レベル程度までにしか脱色することはできません。このように、メラニン色素を分解するには、かなりの活性酸素のパワーが必要になるのです。

では、1%や6%など、濃度の違う過酸化水素を、どのように使い分けたらよいのでしょうか。過酸化水素濃度については、各社さまざまな種類のものを用意していますが、その濃度は大きく3つに分けられます。最大量の6%、中間の3%付近、そして1%付近の製品です。

最も多く使用されているのは6%の2剤です。6%の過酸化水素を使用するのは、十分な脱色力と染色力を得ることができ、幅広い染毛色が可能となるからです。しかし、どんな状態の毛髪でも6%の過酸化水素を繰り返し使用しますと、毛髪内部に残留してしまう過酸化水素の影響で、毛髪にダメージを与えてしまいます。

過酸化水素濃度3%程度の2剤は、一般的に、あまり脱色力を必要としない場合に使用します。染毛には、脱色ほどの酸化力は必要ではありません。若干の脱色力で十分な場合は、3%程度の過酸化水素を使用しても良いでしょう。

過酸化水素濃度1%程度の2剤は、一般的に、脱色を必要とせず、染色のみ必要な場合に使用します。例えば、既染毛部の色調整です。

染毛剤の施術では、6%程度の2剤が一つあれば、ほとんどの場合に対応が可能です。しかし、余分な過酸化水素は、毛髪への負担が大きくなりますので、髪質や毛髪の損傷程度、そして求める染毛色などによって、2剤を使い分けすることが大切です。

過酸化水素(OX)濃度の違いによる作用の違い

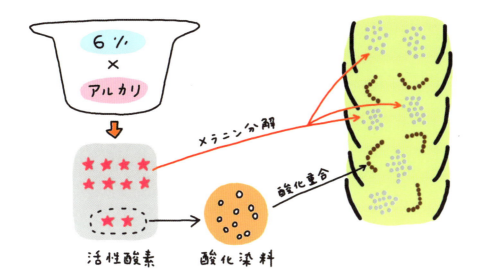

6%

6%の過酸化水素2剤は、十分な活性酸素が発生するため、染毛も脱色も確実に行えます。

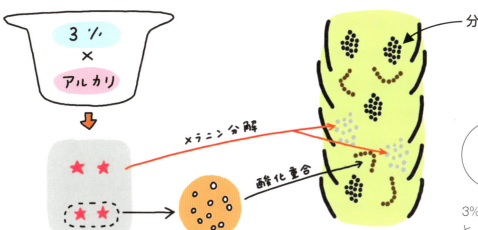

3%

3%の過酸化水素2剤は、確実な染毛と、少しの脱色が行えます。

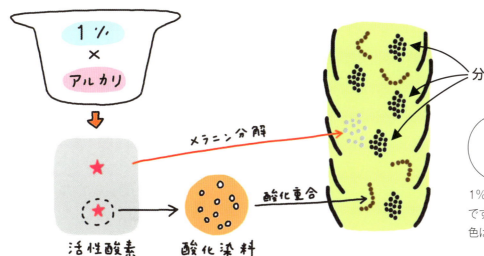

1%

1%の過酸化水素2剤は、染毛は可能ですが、活性酸素量が少ないため、脱色はほとんど期待できません。

Chapter6 ⑤ BASIC KNOWLEDGE for DYEING ACCORDING to IMAGE

イメージ通りに染毛するための考え方

**もともとの髪色や残っている色素が影響して、
染毛剤の色とは違った仕上がりになるので注意が必要**

絵の具で色を塗る時、キャンバスの色が白色ならば、思い通りの色に塗ることができますが、青や赤など色の付いたキャンバスでは、その色が透けて見えて、塗った色と違う色になった経験をお持ちの方も多いと思います。

毛髪を染める場合もこれと同じで、もともとのお客さまの髪色が染毛した色と混じり合うことで、染め上がりの色に影響を与え、染めた色とは異なった色になることがあります。

白髪を染める場合は、毛髪に色がないため、使用した色通りの仕上がりが得られます。しかし、黒髪を染める場合や、前回の染毛剤の染料が残っている場合は、注意が必要です。

黒髪を脱色すると、〈黒→暗い茶色→茶色→明るい茶色→うすい茶色〉と色調は変化します。このとき、〈赤→赤味のオレンジ→オレンジ→黄味のオレンジ→黄〉へと色相も変化しています。

ここで注意したいのは、色には補色という性質があり、これは反対の色どうしを混ぜると、無彩色（実際には灰色）になるというものです。具体的には赤と緑、紫と黄色のような組合せを指します。

医薬部外品の酸化染毛剤は、脱色と染色を同時に行い染毛するものです。そのため、黒髪や既染毛を染毛する場合には、脱色による髪の色相の変化（アンダートーンと呼ばれます）を考えなくてはなりません。例えば、黒髪を鮮やかな紫色に仕上げる目的で、脱色力の強い紫色の染毛剤を用いた場合には、黒髪の色相は高い脱色力により黄色になります。ここに紫色が染まるのですから、毛髪の黄色と染毛剤の紫で色を打ち消し合い、灰色（実際に

は灰紫色）に仕上がってしまうのです。

既染毛の場合、通常の染毛剤では毛髪に残っている色素（残留色素）は、あまり分解されないため、残留色素が補色の役割をして染め上がる色が変化します。これは極端な例ですが、このように酸化染毛剤で黒髪や既染毛を染める場合には、毛髪の脱色効果によるアンダートーンや、残留色素と染毛色の補色の影響を計算しないと、イメージ通りの仕上がりが得られないのです。

化粧品の染毛料では、それ自体には毛髪を脱色する力はありませんので、毛髪自体の色が補色になることに注意する必要があります。そして、染毛料だけではお客さまの好みの色に仕上げることができない場合には、2ステップ（脱色してから染毛料で染色）による方法も選択肢の一つです。

お客さまの毛髪の色は、白髪の量や過去の染毛の経験、毛髪の損傷の程度など、さまざまな影響により千差万別です。したがって、まずお客さまの毛髪は、どの程度の色で、どのような色合いの毛髪なのかを的確に把握します。次に、お客さまの好みの仕上がりはどのような色なのか、色のイメージを確認します。その上で、髪のアンダートーンと使用する染毛剤（料）の色の補色関係でミックスして、でき上がる色を想定することにより、イメージ通りの仕上がりを得ることが可能になります。

そのためには、色のでき方の勉強と、さまざまな色合いの毛髪に実際に染毛して得られる色を、毛束などを用いて事前に確認しておくことが大切です。

イメージ通りに染毛するための基礎知識

色相環

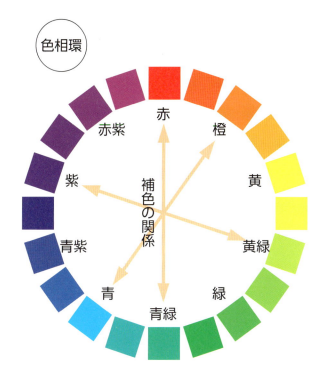

赤から紫へと徐々に色相が変わっていく様子を輪で表したものを「色相環」と呼んでいます。赤や橙、黄など暖かいイメージの色を「暖色」、反対に青など寒いイメージの色を「寒色」といいます。また、色相環上で向かい合っている色を「補色の関係」といい、補色同士を混ぜると灰色になります。

黒髪のブリーチによる色調の変化

黒髪のブリーチによる色相の変化

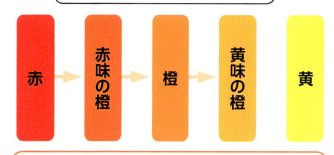

黒髪をブリーチ剤で脱色していくと、黒→暗い茶色→茶色→明るい茶色→薄い茶色と、色調が変化していきます。このとき、色相も、赤→赤味の橙→橙→黄味の橙→黄というように変化していきます。髪のブリーチによる色調の変化と、その際、アンダートーンとして残る色相の変化を意識しながらカラーをすれば、イメージ通りの色味に近づけられます。

黒髪をレベルの高いバイオレット系で染めると灰色に染まってしまう?

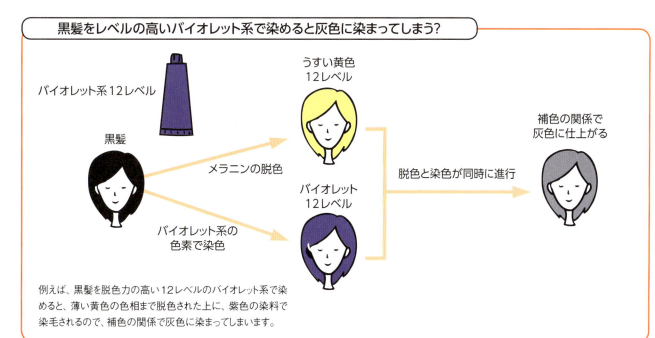

例えば、黒髪を脱色力の高い12レベルのバイオレット系で染めると、薄い黄色の色相まで脱色された上に、紫色の染料で染毛されるので、補色の関係で灰色に染まってしまいます。

注/色味はイメージですので、実際とは異なります

Chapter6 ⑥ 　　　　　　　　**HOW to CHOOSE HAIR DYE of SAME COLOR TONE**

同じ色味（色調）の染毛剤の選び方

さまざまな素材（髪色）に対応するためには、リフト力の違う染毛剤が必要

染毛剤（酸化染毛剤）は、さまざまな色合いに毛髪を染め上げるため、たくさんの種類の色味に分けられた製品が用意されています。最近のお客さまは色の好みが複雑ですので、好みに合った染毛剤を選定するためにも、色味の違いを十分理解することが大切です。

色は、色相（赤、青、黄といった色の違い）、明度（色の明るさ）、彩度（色の鮮やかさ）の3つの要素を持ち、これらが複雑にからみ合って構成されています。一般的に染毛剤は、レベルで表される明るさ（明度に相当）と色味（色相に相当）、そしてこれに同じレベル・色味でも鮮やかな色、鈍い色（彩度に相当）が加わり、さまざまな染毛色が表現されます。

レベルの数値設定は各メーカーが独自に設定しているため、同じレベルの染毛剤でも、メーカーが異なると染毛した時の明るさが異なります。そして、人によって毛髪の明るさや脱色効果が異なることから、仮に同じ色で同じ量の染毛剤で染めたとしても、染毛した色の映え方が異なりますので、結果的に違った髪色に染め上がります。

色味についても、各メーカーで考え方が異なります。茶色を例にとると、あるメーカーでは赤系の茶色を基本とし、他のメーカーでは黄系の茶色を基本にしている場合では、この両社の製品は、基本となる茶色が異なるため、同じ赤茶色という表示があっても、その色味は当然異なることになります。

つまり、基準色や色の表現方法は各メーカー独自のものですので、異なるメーカー間では同じ色表現であっても同じ色ではなくなるのです。ですから、複数のメーカーの染毛剤を使用する場合には、メーカー間の色の違いを十分把握しておくことが大切になります。

同一シリーズの製品の中にあって、同じ色味でも、レベルの違いによって何種類も色があるのはどうしてなのでしょうか？

日本人の髪色は、白髪と黒髪が混在していたり、過去の染毛剤の使用経験や損傷度などの影響でさまざまな色味があったり、個人差が大きいものです。

染毛剤は、脱色と染色を同時に行い染毛するものですから、染毛前の髪色が異なれば、当然染色後の髪色も異なります。真っ黒な毛髪に明るい茶色の染毛剤で染めた場合と、もともと茶色の毛髪に同じ明るい茶色の染毛剤を用いて染めた場合では、当然仕上がる色が異なるのです。

染毛前の髪色が異なる場合でも、染め上がりの色を同じにするためには、使用する染毛剤がどの程度のリフト力（脱色力）を持つのかを計算することが必要になります。例えば、4レベルの黒髪に3レベルのリフト力を持つ染毛剤を使用した場合、染色後は7レベルになります。もともと6レベルの髪色では、染色後に同じ7レベルにするためには1レベルのリフト力が必要なことがわかります。

このように、同じ明るさに仕上げるためには、同じ色味でも異なるレベルの染毛剤が必要になるのです。染毛剤で得られる色は、「染毛」による足し算だけではなく、「脱色」という引き算も必要であることを忘れないでください。

色を決める3つの要素＝色相・明度・彩度

色は、色相（赤、青、黄といった色の違い）、明度（色の明るさ）、彩度（色の濃淡）の3つの要素を持ちます。染毛剤は、一般的にレベルで表される明るさ（明度に相当）、色味（色相に相当）、これに同じレベル・色味でも濃い色、淡い色（彩度に相当）が加わり、さまざまな染毛色が表現されます。下図は、赤系と青系の染毛剤のおおよその色表現を表したものです。真ん中は、色味のない無彩色を表しています。

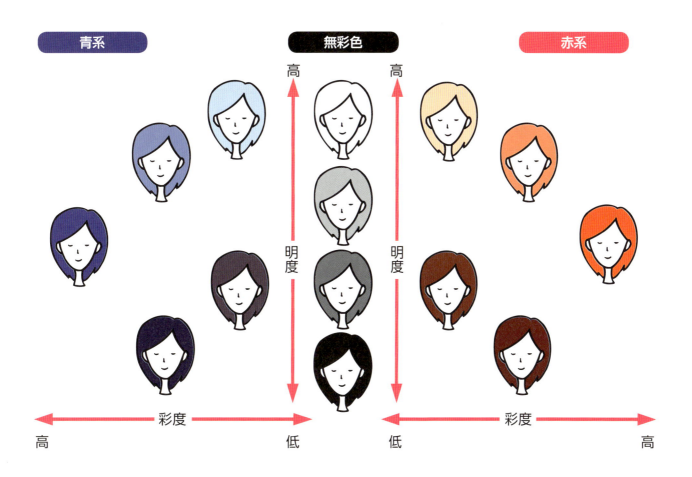

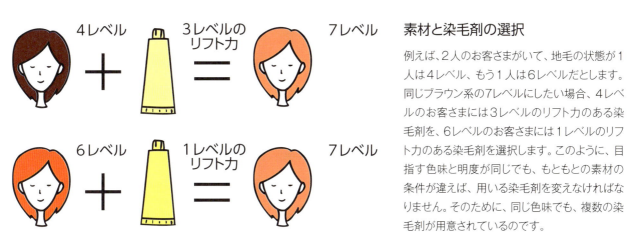

素材と染毛剤の選択

例えば、2人のお客さまがいて、地毛の状態が1人は4レベル、もう1人は6レベルだとします。同じブラウン系の7レベルにしたい場合、4レベルのお客さまには3レベルのリフト力のある染毛剤を、6レベルのお客さまには1レベルのリフト力のある染毛剤を選択します。このように、目指す色味と明度が同じでも、もともとの素材の条件が違えば、用いる染毛剤を変えなければなりません。そのために、同じ色味でも、複数の染毛剤が用意されているのです。

注／色味はイメージですので、実際とは異なります

Chapter6 ⑦ IMPORTANCE of PAINTING PROCEDURE

塗布順の重要性

染まりにくい根元から染めはじめ、毛先を最後に染める

染毛剤で施術する場合、根元から毛先まで同じ薬剤で一度に塗布すると、均一に染毛されないことが良くあります。では、なぜ均一に染まらないのでしょうか。

まず、毛髪の状態を少し考えてみましょう。現在、お客さまがサロンに来店する際は、バージン毛の人はほとんどいないのが現状です。言い換えれば、大半の人は繰り返し染毛を行っている、既染毛だということです。再来店されたお客さまの既染毛は、根元、中間、毛先では状態が大きく異なります。サロンへ来店したときに、毛髪チェックでこの違いをよく確認しておくことが大切です。

お客さまは、通常、既染毛部と新生毛部との境い目が気になりだしたころ来店されます。このような毛髪は、根元は健康毛、中間は既染毛、毛先は傷んだ既染毛となります。

このように、状態の異なる毛髪を一度に塗布すると、根元、中間、毛先では、それぞれの"脱色速度"や"染色速度"が異なるため、均一に染色できません。このため、施術の順番は、まず根元1cm程度あけた根元および中間を塗布し、続いて残りの根元、最後に毛先となります。

根元1cm程度をあけるのは、頭皮の温度によって染毛剤の反応が速くなるからです。染毛剤（アルカリ性の染毛剤）は、染色と脱色の2つの反応を同時に行います。これらの反応の速度は、温度に影響されます。つまり、温度が高くなれば染色力、脱色力ともに速く、強くなります。

したがって、頭皮に近い部分は体温で液温が上昇し、中間部に比べ染色しやすく脱色されやすいのです。

また、なぜ毛先は最後に塗布するのかというと、毛先は繰り返しの染毛、日常のブラッシングなどで損傷を受けています。ダメージが進行すると、キューティクルがはがれて、コルテックスがむき出しの状態となります。コルテックスは親水性で薬剤の作用を受けやすい部位ですので、染毛剤の浸透性が高く、そのため短時間で染毛されるからです。

中間部は、毛先に比べて染毛回数が少ない分、比較的損傷も少なく、健康毛に近い状態です。また、放置中に体温による温度の影響も少ないことから、中間部は、毛先よりも先に、根元よりも後に塗布します。

それでは、もう一度塗布の順番を整理すると、最初に一番染まりにくい根元1cm程度をあけた根元および中間部。その次に頭皮の温度の影響を受ける根元、最後に染色の早い毛先を塗布します。

今回、説明した方法は、一般的なダメージを伴った毛髪を例にしたものです。すべて、この方法で根元から毛先まで、均一な染色が得られるわけではありません。

毛髪の損傷度合いは複雑です。正しい毛髪診断を行い、前述したようなことを考慮して、塗布の順番だけでなく、前処理を実施するなど、お客さまに適切な施術を行うことが大切です。

毛髪の状態と染毛剤の塗布手順

Hair Dye

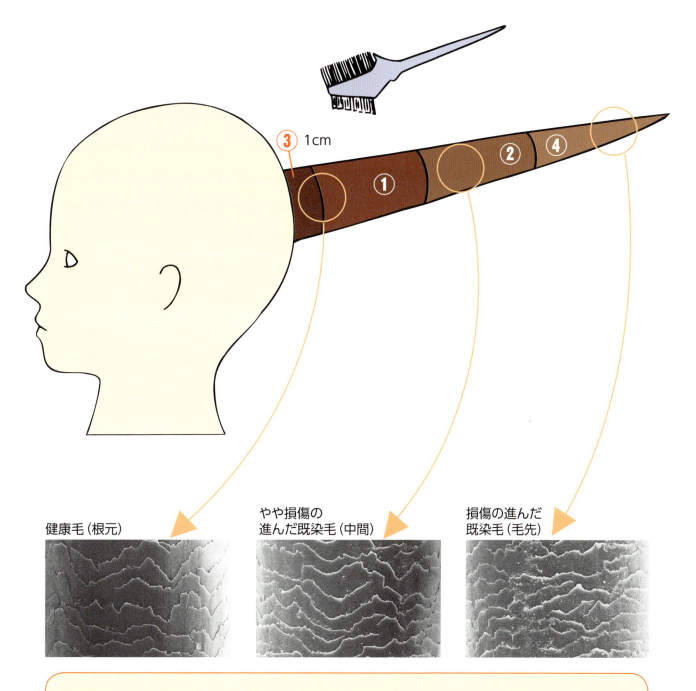

健康毛（根元）　　やや損傷の進んだ既染毛（中間）　　損傷の進んだ既染毛（毛先）

上の写真は、左から「健康毛」「やや損傷の進んだ既染毛」「損傷の進んだ既染毛」の電子顕微鏡写真です。このように根元から毛先に向かうに従って、傷みが進行している毛髪を染毛する場合、いっぺんに塗布すると、根元より毛先の方が染まりやすいので、時間差を設けて次の順番で染毛剤を塗布するようにします。①根元1cmをあけた根元新生毛、②傷みの少ない中間、③根元1cm部分（頭皮の温度の影響で染まりやすい）、④傷みの進んでいる毛先。こうして時間差で染毛剤を塗布することで、根元から毛先までを均一に染めることができます。また、損傷の程度によっては、毛先にタンパク質を補う前処理剤を塗布してから染毛を行うこともあります。いずれにしても、毛髪の状態を見極めるための毛髪診断を行い、毛髪の状態に合った施術を行うことをお勧めします。

Chapter6 ⑧

LOW-ALKALINE TYPE HAIR DYES

低アルカリタイプの特徴

ダメージの進んだ毛先には低アルカリタイプの染毛剤で染色する

染毛剤（酸化染毛剤）には白髪を染める「白髪染め」と、黒髪を明るく染め変える「おしゃれ染め」があり、染毛の直前に1剤と2剤を混合して毛髪に塗布して用います。1剤のアルカリ量とpH、そして2剤の過酸化水素の濃度が、酸化染料の発色（毛髪の染色）と脱色に大きく関与します。

つまり、アルカリ量が多く、pHが高い薬剤ほど毛髪を膨潤させ、染料を多く毛髪の中に入れることが出来ます。同時に、過酸化水素の働きが活発になり、脱色力が高まります。そして、過酸化水素の濃度が高いものほど、その働きは大きくなります。

一般的にアルカリタイプの染毛剤が多く用いられていますが、パーマ、カラーなどの薬剤処理を、頻繁に繰り返した毛髪、誤使用等で過剰に強い作用を受けた毛髪、あるいは生まれつき傷みやすい毛髪などは、アルカリ剤による過剰膨潤や、過酸化水素から発生する活性酸素の影響を受けやすくなります。

傷みやすい髪や傷んでいる髪などには、1剤のアルカリ量が少なく、pHが低い「低アルカリタイプ」の染毛剤、または2剤の過酸化水素濃度の低いものを用います。過酸化水素は、アルカリ剤の働きで活性酸素を活発に発生し、メラニン色素を分解し、毛髪を脱色させます。同時に、他の物質とも反応しやすい活性酸素は、ケラチンタンパク質を酸化し、アルカリ剤による毛髪の膨潤との相乗作用により、毛髪への影響が大きくなるもととなります。傷みやすい毛髪、傷んでいる毛髪ほど過剰の過酸化水素を作用させないことが大切です。

低アルカリタイプの染毛剤は、毛髪を低膨潤で、薬剤を過剰作用させにくい特徴があります。そのため、すでにダメージを受けてキューティクルが開きやすい毛髪、または薬液の作用を受けやすく傷みやすい毛髪などに適しています。

髪質に応じて、低アルカリタイプの染毛剤と、アルカリ染毛剤と使い分けることが大切です。

1本の毛髪でも、根元の新生部分は健康毛です。すでにパーマや染毛をされた中間部、そしてパーマや染毛を繰り返しされているだけでなく、ブラッシングなどの影響を受けている毛先部分というように、髪質の状態は複雑に混在しています。染毛剤を一律に塗布しただけでは均一なカラーリングは難しいのです。新生毛部から中間部分にアルカリ染毛剤を使用し、アルカリ染毛剤では過剰に反応してしまう部分（特に毛先部分）には、低アルカリタイプの染毛剤を用いることで、毛髪への過剰作用を防ぐことが出来ます。髪質によっては前処理を併用し、これには毛髪の保護を目的とした毛髪類似成分のPPTなどが配合されたものや油分を含んだトリートメント剤などが用いられます。

例えば、新生毛部分に対応したアルカリ染毛剤を用いて根元に塗布し、中間部から毛先には前処理剤で保護した後、中間部にアルカリ染毛剤を塗布し、毛先には低アルカリ染毛剤を用います。このように染毛剤を使い分け、混在している髪質の違いを均質化することで、均一なカラーリングを行うことが出来ます。

また、髪質部分に応じて処理時間をコントロールする方法もあります。これは、新生毛部分に対応したアルカリ染毛剤を、根元の新生毛部分だけに塗布し、適度な時間放置した後、コームスルーして、根元に塗布した染毛剤を中間部から毛先にかけて伸ばして塗布するものです。なお、必要があれば新たに染毛剤を塗布します。

pH・アルカリと染毛の関係

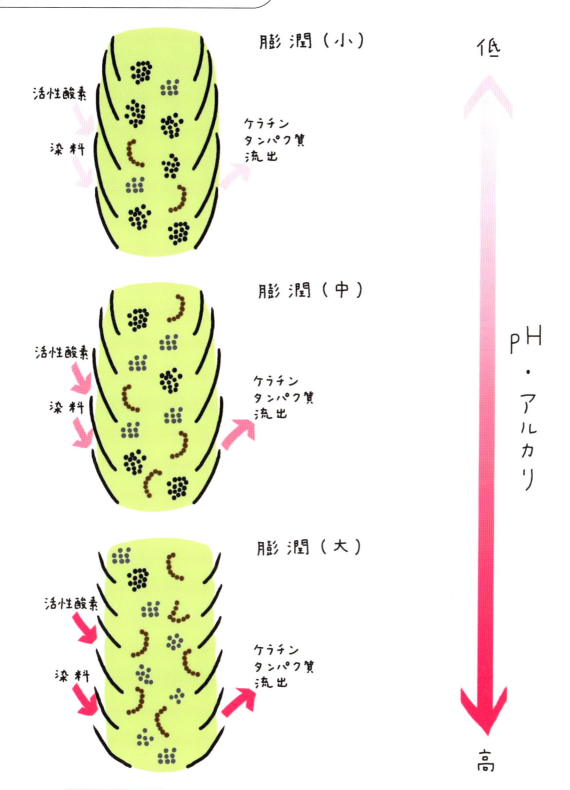

アルカリ量が多く、pHが高い薬剤ほど髪を膨潤させ、染料を多く髪の中に入れることが出来ます。同時に、過酸化水素から放出された活性酸素の働きも活発になり、脱色力も高まります。しかし、活性酸素は他の物質とも反応しやすく、ケラチンタンパク質を酸化させて流失しやすくさせます。

Chapter6 ⑨ MECHANISM of DISCOLORATION and PREVENTIVE METHOD

褪色の仕組みと予防法

染毛剤の褪色は、染料の"分解"と、毛髪中からの"流出"の二通りある

染毛した色調が薄くなったり、色調が変わったりすることを「褪色」と言います。染毛剤の褪色の原因は、酸化重合した色素の"分解"と、毛髪中からの"流出"の二つに大別できます。

染毛剤に使われる染料には、「酸化染料」、「カップラー」、「直接染料」（ニトロ染料など）があります。「酸化染料」は無色で、分子の大きさが小さく、毛髪内部へ浸透しやすいのですが、染料どうしで酸化重合して大きな分子に成長するとともに、明度を下げる特徴があります。「カップラー」は、酸化染料と結び付いて有色の色素を作るため、赤から青のさまざまな色調を与える効果があります。その際、カップラーは、酸化染料どうしの反応に比べて、反応速度が速いため、反応は速く終わります。反面、酸化染料とカップラーとの反応でできる色素は、分子が2～3個結び付いた比較的小さな分子です。

こうして作られた色素の中で、青色～緑色の寒色系の色系は、一般的に、分子が大きく、毛髪から流出しにくい特徴があります。しかし、分子内の発色結合が、熱や紫外線などのエネルギーを吸収して、切断されたり、酸化されたりして、構造変化を起こし、褪色する傾向があります。

黄色～赤色の暖色系の色系は、分子が小さいため、毛髪内部での保持力が弱く、洗浄などにより流出して、褪色する傾向があります。特にダメージ毛では、保持力の中心となるコルテックス中の間充物質が失われ、多孔毛化しているため、色素が流出しやすくなる傾向があります。

「直接染料」はそれ自体が有色の色素で、反応には関与せず、酸化染料とカップラーの組み合わせによる色調を補完する目的で使われます。この染料は彩度が高く、希望する色調が簡単に得られるメリットがあります。その反面、分子が小さく、流出しやすく、また、分子内結合が光や熱で切断されて、褪色しやすいという欠点もあります。

ここで簡単に「染毛料」（ヘアマニキュア＝酸性染毛料）の褪色の仕組みにも触れましょう。化粧品に分類されるヘアマニキュアには、酸性染料が使われています。毛髪は等電点以下の酸性では、プラスの電荷を帯びるため、マイナスに帯電している酸性染料が、毛髪とイオン結合して、毛髪の表面付近に吸着し、染毛します。

酸性染料の多くは分子が大きく、毛髪の内部には浸透しにくいため、毛髪の表面付近にとどまります。そのため、浸透促進剤（キャリヤーといいます）を用いて、コルテックスの浅い部分まで色素を浸透させる試みも行われていますが、毛髪の深い部分まで浸透させることは困難です。このため、ヘアマニキュアは洗浄を繰り返すと色素が洗い流され、染毛色が褪色するのです。

最近では、HC染料を用いた化粧品の染毛料が見られるようになりました。HC染料は有色で色素の分子サイズが小さいため、コルテックスの深部にまで浸透して着色します。しかし、このタイプの製品は、数回の洗浄で色素が洗い流され、ヘアマニキュアよりも早く完全に褪色します。

褪色の仕組み

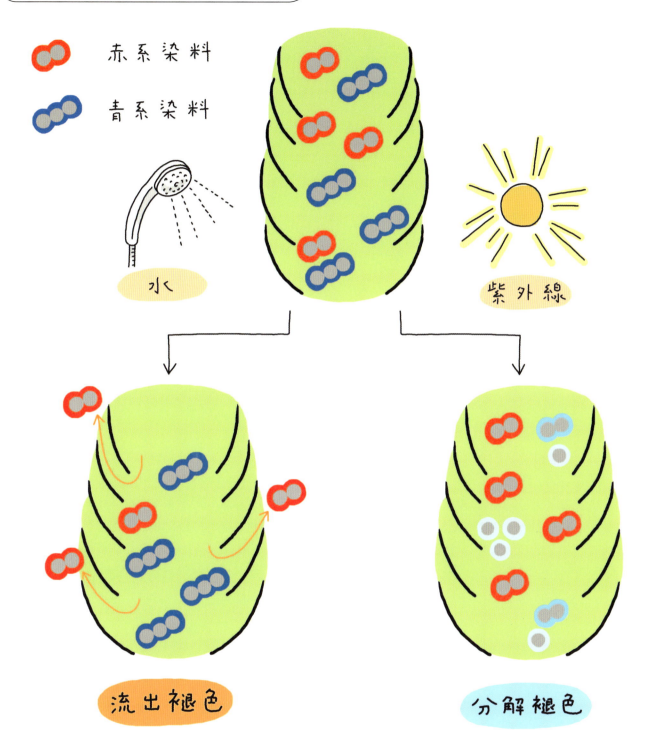

流出褪色

黄色〜赤色の暖色系色素は分子が小さく、毛髪内部での保持力が弱く、シャンプーなどにより流出して、褪色する傾向があります。

分解褪色

青色〜緑色の寒色系色素は分子が大きく、毛髪から流出しにくいです。ただし、分子内の発色結合が、熱や紫外線などのエネルギーを吸収して、切断されたり、酸化されたりして、構造変化により褪色する傾向があります。

Chapter6 ⑩ MIXTURE of TWO AGENT,IMPORTANTCE of LEAVEING TIME

1剤、2剤混合、放置時間の重要性

染毛剤の放置タイムは20〜40分が適当

染毛剤（酸化染毛剤）で染毛する場合、放置時間を誤ると思うように染色できなかったり、場合によってはダメージにつながったりします。

医薬部外品の染毛剤は、化粧品の染毛料とは異なり、「酸化」という化学反応を伴い染色します。この反応は、時間とともに徐々に進行しますので、染色も時間とともに進みます。また、酸化反応は、温度にも影響され、温度が高ければ高いほど、反応速度は速くなります。

染毛剤、特にアルカリ性の染毛剤は、酸化染料の酸化重合による発色と、酸化によるメラニン色素の分解（脱色）を同時に行い染毛します。染毛剤は、この2つの作用を起こさせるため、酸化染料を含む1剤と過酸化水素を含む2剤を混合して使用します。しかし、混合が不十分でムラがあると、発色や脱色にムラを生じて、均一できれいな髪色に染め上げることができません。これを防ぐため、1剤と2剤はしっかりと均一に混合することが大切になります。

では、染毛剤の2つの作用のうち、まずは発色について考えてみましょう。染料の酸化重合にかかる時間は、おおむね室温放置で20〜40分程度です。これは、染毛剤に配合される酸化染料が酸化重合し終わる時間です。

次に、メラニン色素の分解について考えてみましょう。メラニン色素の酸化による分解は黒色のユーメラニンが対象となります。しかし、一度の染毛施術で、全てのユーメラニンが分解されるわけではありません。過酸化水素から放出される活性酸素の量により分解されるユーメラニンの量が決まります。

この過酸化水素からの活性酸素の放出も20〜40分が

ピークで、あとは徐々に低下します。したがって、メラニン色素の分解も20〜40分で限界となり、それ以上放置しても発色、脱色ともにほとんど進行しません。それだけでなく、仮に放置すると、過剰反応を起こして、毛髪のダメージにつながってしまいます。

染毛剤で施術する際に、ラップで覆うことがあります。このラップの目的は、できるだけ、根元と毛先の温度を近づけ、均一な染毛を行うことと、薬剤が乾燥しないようにするためです。

このときに、時間短縮やより濃く染毛することを目的に加温するという考えもありますが、加温をすると、酸化染料の急激な酸化重合が起こり、均一な染毛色が得られません。そればかりか、頭皮の刺激や炎症等の事故を招く危険性があります。しかも、必要以上の活性酸素が発生し、毛髪を損傷してしまいますので、染毛剤で染毛する際には、加温しないことが原則です。

一方、目的とする染毛色よりも濃い色合いの染毛剤を使用して、短時間で施術をする場合を考えてみましょう。一見すると、問題なく染まるように思われるかもしれませんが、薬剤が毛髪深部まで浸透せず、また、酸化重合も不十分になるため、発色が弱い、色持ちが悪いなどの悪影響があります。

染毛剤には、必ず製品ごとに用法・用量が定められていて、それは各製品に記載されています。記載されている用法・用量（特に時間、温度）そして使用上の注意を守り、正しく使用することが、まちがいのない染毛への早道であると言えるのです。

染毛剤と放置時間の関係

時間の経過とともにメラニン色素は分解が進みますが、染料の酸化重合が進むわけではありません。
放置不足も過剰放置も染毛不足やダメージなどのトラブルの原因となります。
製品に合わせた適正な放置時間を守りましょう。

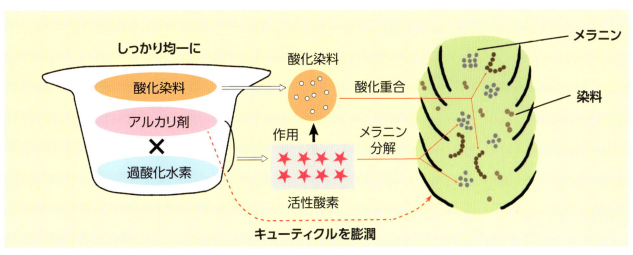

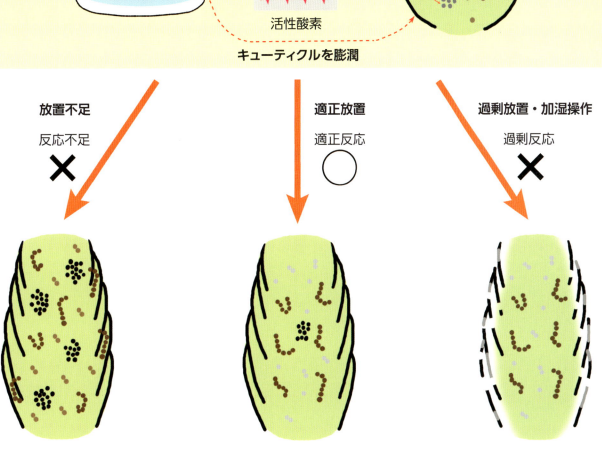

薬剤が毛髪深部まで浸透せず、酸化重合（発色）も脱色（メラニン色素の分解）も不十分。色持ちも悪い。

染料が十分に酸化重合（発色）し、同時に適正に脱色（メラニン色素の分解）が行われる。

酸化重合（発色）も脱色（メラニン色素の分解）も十分に行われているが、過剰な放置によってキューティクルの損傷やケラチンタンパク質の流出などが起きる。

Chapter6 ⑪

HOW to MAKE BLACK DYED BRIGHT

黒染めを明るくする方法

毛髪の中で発色した染料は脱色剤（ブリーチ剤）では分解しにくい

染毛剤（酸化染毛剤）は、酸化染料を有効成分としたアルカリ性の1剤と、過酸化水素を有効成分とした弱酸性の2剤に分かれており、施術時に、この1剤と2剤を混ぜて使用します。このとき、アルカリ剤は、キューティクルのすき間を広げ、染料が毛髪内部へ浸透するのを助けると同時に、過酸化水素を分解します。

　アルカリ剤が、過酸化水素を分解するときに「活性酸素」が発生します。この活性酸素がメラニン色素を分解すると同時に、毛髪の中に浸透した小さい分子の酸化染料を酸化重合させます。酸化重合した染料は、毛髪中に大きな分子として残り、発色することで染毛します。

　こうしてできた色素は、化学的に強固な性質があります。特に白髪染めや暗い色調のおしゃれ染めでは、パラフェニレンジアミンなどの酸化染料が酸化重合し、大きな分子となると、分子どうしの結合力が強く、分子の数も多いのが特徴です。

　一方、毛髪には、もともと髪の中にある色素であるメラニン色素も含まれています。メラニン色素は、毛髪の色調を決める色素で、ユーメラニンの量が多いと毛髪の色調は黒くなります。このメラニン色素は、アミノ酸のチロシンが重合してできた大きな分子ですが、その詳しい構造は分かっていません。

メラニン色素は、酸化染料が酸化重合した色素に比べて、分子どうしの結合力は弱いことが知られています。

　一般的に毛髪の色調を明るくするためには脱色剤（ブリーチ剤）が用いられますが、そのほとんどは過酸化水素と混合して使用するものです。しかし、薬機法で、過酸化水素が配合できる上限は6％の濃度に抑えられていますので、その酸化力はあまり強くありません。

脱色剤は、アルカリ剤が過酸化水素を分解するときに発生する「活性酸素」でメラニン色素を酸化分解し、小さい分子にして脱色します。このため、通常のブリーチ剤では、染毛剤で染まった染料を分解・脱色するのは困難になります。

　染料を分解・脱色する目的のために使用される製品は、特に「脱染剤」と呼ばれます。この製品は6％濃度の過酸化水素に、さらに強い酸化剤である「過硫酸塩」や「過炭酸塩」を10～30％程度加えて「活性酸素」の濃度を高めてあり、多くのものが粉体であることが特徴です。特に「過硫酸塩」の酸化力は、最も強い酸化剤であるオゾンに次いで高い、強力な酸化剤です。

　脱染剤の場合も、酸化剤が生成する活性酸素やいろいろな「活性分子」により、酸化重合した色素の分子内の結合を切断し、小さい分子にし、脱染します。このため、明るい色調ではそれなりの脱染効果はありますが、それでも黒染めした毛髪を、必要とするレベルまで明度アップすることは困難です。このため、一部の施術現場では、ブリーチを繰り返す操作が行われていますが、酸化力を高めるほど、これに比例して毛髪への負担も大きくなるため、注意する必要があります。

脱色剤の"脱色"のしくみ

染毛した黒髪を「脱色剤」で処理した毛髪断面の顕微鏡像／時間経過に伴い、メラニン色素は分解されるが、酸化重合した染料はほとんど分解されずに残っている。

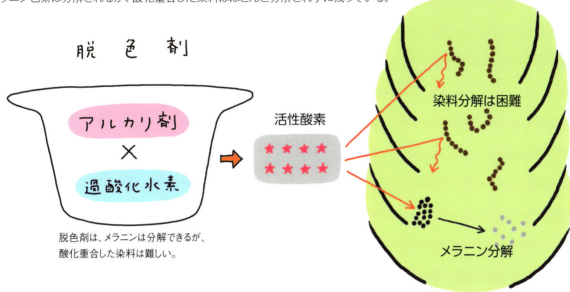

脱色剤は、メラニンは分解できるが、酸化重合した染料は難しい。

脱染剤の"脱染"の仕組み

染毛した白髪を「脱染剤」で処理した毛髪断面の顕微鏡像／酸化重合した染料が時間経過に伴い、徐々に分解し、色調が淡くなっている。

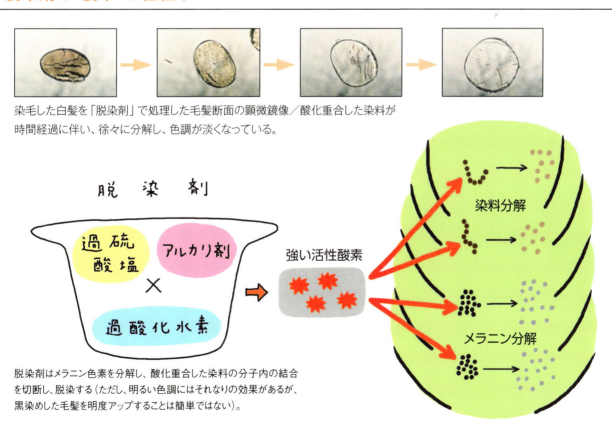

脱染剤はメラニン色素を分解し、酸化重合した染料の分子内の結合を切断し、脱染する（ただし、明るい色調にはそれなりの効果があるが、黒染めした毛髪を明度アップすることは簡単ではない）。

97

Chapter6 ⑫　　　　　　　　　　　　COUNSELING and PATCH TESTING

カウンセリングの重要性とパッチテスト

パッチテストは毎回行いましょう

パッチテストの方法

染毛剤（酸化染毛剤）は、まれに痒み、発赤、水疱、発疹などのいわゆる「かぶれ」と呼ばれる症状を引き起こすことがあります。これは、染毛剤は有効成分として酸化染料を使用しているため、花粉症などと同じように、アレルギー反応が原因です。染毛剤によるアレルギーには二種類の異なった反応があります。一つは施術後しばらくしてから起きるもので「遅延型反応」と呼ばれ、典型的には、サロンで染毛して6時間〜半日後くらいよりかゆみを感じ、その後に赤み・腫れ・ブツブツなどの皮膚炎症状が出現し、染毛の48時間後に最も症状がひどくなる傾向にあります。もう一つは施術中〜施術直後に起きるもので「即時型反応」と呼ばれ、息苦しさ・めまい等の気分の悪さ、じんましん等の皮膚の異常が起こることがあります。いままでかぶれたことがなかった方でも、ある日突然かぶれが起きることがあります。また、一度染毛剤でかぶれる体質になると治ることはなく、生涯その体質は変わりません。サロンで染毛するお客様にこれら染毛剤のアレルギー情報の提供や、これまでに染毛剤でかぶれたことがないか、染毛後しばらくしてから異常を感じたことがないか、染毛剤施術中の体調に異常はないかなどカウンセリングをしっかり行うことが重要です。また、酸化染毛剤の施術によってお客様に異常があった場合には、医師の診察を受けるようにご案内ください。

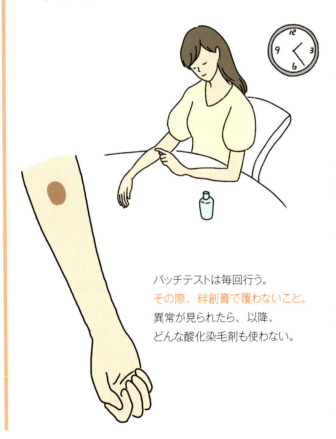

パッチテストは毎回行う。
その際、絆創膏で覆わないこと。
異常が見られたら、以降、どんな酸化染毛剤も使わない。

パッチテストについて

染毛剤の使用による「かぶれ」を防ぐために、お客様がかぶれる体質かどうかを調べる方法として、「パッチテスト（皮膚アレルギー試験）」が行われます。パッチテストを煩雑と考える方もおられますが、染毛剤によるかぶれを防ぐために必ず行って頂きたい試験です。その際、守るべきポイントがいくつかあります。

パッチテストのポイント

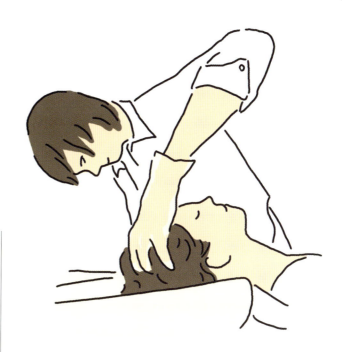

①パッチテストは染毛のつど毎回行う。
過去に異常が無くても、突然かぶれるようになる場合があるため、染毛2日前（48時間前）に毎回パッチテストを行って下さい。

②パッチテストは決められた放置時間を守る。
パッチテストは48時間続けてください。
テスト液塗布後30分くらい後と48時間後の二回観察し、即時型反応と遅延型反応の二種類を確認します。過度の皮膚反応が出ることがあるため、試験部位を絆創膏で覆わないようにしてください。

③異常を感じたら、すぐにテスト液を洗い流し、テストを中止する。
テスト中に異常がみられたら、症状が悪化しますので、すぐにテスト液を擦らないように洗い流し、テストを中止します。

④異常が見られたら以後、永久にどんな酸化染毛剤も使用しない。
染毛剤中のある特定の成分にかぶれた場合、その成分だけでなく、構造の似た他の成分にもかぶれるようになります。染毛剤に使用している成分は、メーカーが異なっても、ある程度共通の成分を使用しています。そのため、かぶれを起こした製品とは異なる製品でも、かぶれる可能性があります。過去にかぶれたことがある方には染毛剤を使用しないでください。かぶれた方には染毛料（ヘアマニキュア）をお使いください。

どうして手袋の使用が必要なの？

手指の皮膚は皮脂や汗から形成される天然のクリームである弱酸性の皮脂膜で保護されています。ところが、サロンで日常的に薬剤の施術や洗髪を手袋をせずに繰り返し行っていると、染毛剤、パーマ剤あるいはシャンプー剤などによりこの皮脂膜が失われ、手荒れの状態となります。これは理美容師の職業病とも言えるもので、ひどい場合には職業として続けることが難しくなることもあります。今のところこれに対する効果的な対策は手袋の着用を徹底する以外にありません。理美容師のアレルギー予防の点からも、手指と染毛剤の直接の接触を避けるために手袋を着用して下さい。施術中の手袋着用は比較的守られていますが、すすぎ流す時にどうしても外してしまうことが多いようです。ぜひ、すすぎの操作中にも手袋を着用し、薬剤からご自身の手指を守るようにして下さい。
なお、使用する手袋は天然ゴムラテックスを使用したものは避けて下さい。含有するラテックスタンパク質でかぶれ（即時型アレルギー）が起きる可能性があります。

column 6 — About hair color outer box display

ヘアカラーの外箱表示について

ヘアカラーを使用する際の注意事項については、消費者安全調査委員会が実施した毛染めによる皮膚障害の事故等原因調査報告書に基づき、厚生労働省から通知が発出されたことを受け、平成28年7月12日付けで日本ヘアカラー工業会の「染毛剤等の使用上の注意自主基準」が改定されました。

この改定では、毛染めによる皮膚障害の発症や重篤化を防止するため、情報提供の内容や伝達手段の検討を行った結果、製品の購入前・使用前に消費者にヘアカラーに関するリスク等をより的確に伝えることができる手段として、正面部分と正面以外の部分それぞれに記載すべき注意事項が定められました。

一般用製品は、使用者自身がヘアカラーのリスクを正しく理解できるような表現にし、業務用製品は、理美容師からお客様に正しい情報を伝えてもらうような表現になっています。また、外箱への記載方法についても、製品を店頭に陳列した際、消費者が一番目に付く製品面を正面部分と定義し、注意事項を1カ所にまとめて記載するとともに、文字の大きさ（原則7ポイント以上）や、下線や色替え等による部分的強調は行わないことなど、記載上のルールが定められています。

なお、消費者自身が使用する一般用製品と理美容師がお客様に使用する業務用製品では、注意事項の文章や記載方法が異なりますので、相違点を右記に示します。

最後に、ヘアカラーだけではありませんが、外箱に記載している注意事項だけでなく、添付の使用説明書に記載されている注意事項は必ず最後までよく読んでいただき、事故や皮膚トラブルが起きないように、使用していただきたいと思います。

ヘアカラーの外箱正面への表示／一般用と業務用の違い

一般用製品		業務用製品
・ヘアカラーでかぶれたことのある方は絶対に使用しないでください。 ・ヘアカラーはアレルギー反応をおこすことがあります。 ・皮膚アレルギー試験（パッチテスト）を毎回必ず行ってください。	注意事項	・お客様にヘアカラーのリスクと皮膚アレルギー試験（パッチテスト）の必要性をご説明ください。 ・ヘアカラーでかぶれたことのある方には絶対に使用しないでください。 ・かぶれを繰り返すと重篤化する（又は症状が重くなる）ことがあります。
印刷可能範囲の最上部	表示位置	
印刷可能範囲の1／10以上	表示面積	指定なし
単一色	背景	

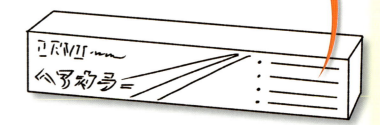

Chapter 7
Hair Color

ヘアカラーⅡ（染毛料）
～ダメージを軽減し、狙い通りの色味を出すために～

染毛料は、過去には一時染毛料とヘアマニキュアなど種類が限られていました。
しかし近年は特徴が異なり、サロンでの対象顧客や
施術方法も異なる様々な染毛料が発売されています。
この章では染毛料の種類、その製品に使用される染料やその他の成分の特徴を学び、
お客様に合ったヘアカラー製品を選択、使用できるようになりましょう。

Chapter7 **①**

MECHANISM of HAIR COLORING

染毛料の染毛の仕組み

イオン結合で髪に吸着する酸性染料と塩基性染料、
髪の内部に浸透して染色するHC染料

医薬部外品の染毛剤は化学反応を利用して染毛しますが、毛髪に染料を物理的に吸着、浸透させて染毛するのが化粧品の染毛料です。一般的に染毛剤が1剤と2剤を混合し、化学反応させて使用するのに対して、染毛料はほとんどが単品で使用されます。

染毛料には1回のシャンプーで落ちる一時染毛料（ヘアカラースプレーやヘアマスカラなど）と、ある程度の期間色が持続する半永久染毛料がありますが、ここでは半永久染毛料について説明します。

半永久染毛料には、黒401、橙205などの色名が付いている酸性染料を使用したヘアマニキュア（酸性染毛料）と呼ばれる製品が以前からありましたが、最近では塩基性染料やHC染料を使用したヘアカラートリートメントなどもあります。

酸性染料は水に溶かすとマイナスに帯電する性質を持った染料で、この染料を配合した酸性染毛料はpHが酸性に調整されています。酸性の液を毛髪に塗布すると毛髪はプラスに帯電するため、酸性染毛料を塗布してプラスに帯電した毛髪と、マイナスに帯電した酸性染料が磁石のN極とS極が引き合うように電気的に引き合い、毛髪に酸性染料が引き止められて染色します。この電気的な結びつきをイオン結合といいます。酸性染料の大きさは比較的大きいのですが、浸透を助ける溶剤を用いることで、毛髪の表面に吸着するだけでなく、一部はコルテックスの浅い部分まで浸透します。

このように電気的な力で染まっているので、比較的長期

間（3週間程度）色が持続しますが、毛髪だけでなく皮膚とも相性が良いため、頭皮や手に染毛料がつくと染まってしまうので注意が必要です。また、強いプラスの電荷を持ったカチオン界面活性剤が配合されたトリートメントを使用すると、カチオン界面活性剤のプラスと酸性染料のマイナスが引き合い、毛髪から酸性染料が引き出されて、褪色が早くなってしまいます。

一方、塩基性赤51や塩基性橙31などの塩基性染料もイオン結合を利用して染色をしますが、酸性染料とは逆にプラスに帯電する染料で、マイナスに帯電した毛髪の表面に吸着し、イオン結合して染色します。

HC青2、HC黄2などのHC染料は色素の大きさが小さく、イオン結合はせずに色素が毛髪内に浸透することで染まります（色素が小さいため、コルテックスの深部まで浸透します）。そのため、皮膚についても染まりませんが、単に色素が浸透して染まっている状態ですので、比較的色の持続期間は短くなります（1週間程度）。

イオン結合しないHC染料や、プラスに帯電している塩基性染料は、カチオン界面活性剤とも共存できるので、コンディショニング機能の高い染毛料（ヘアカラートリートメント）に使われています。

これら以外には、光によって黒く変化するという性質の硫酸銀を使った染毛料もあり、酸性染料やHC染料などと違って徐々に染まっていく、色は黒がほとんどで鮮やかに染められない、などの特徴があります。

酸性染料、塩基性染料、HC染料の"染毛"の仕組み

酸性染毛料の染色の仕組み

酸性に調整された染毛料で毛髪が酸性になり、電気的にプラスの状態になります。一方、酸性染料はマイナスの電荷を持っています。電気的にプラスとマイナスの関係になり、染料が毛髪に引き止められ染色します（イオン結合）。

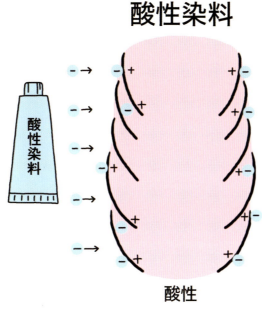

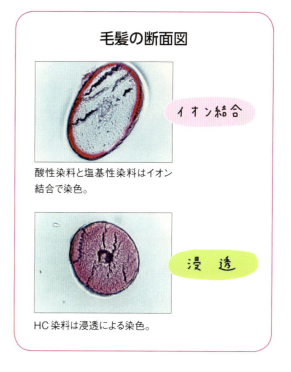

毛髪の断面図

酸性染料と塩基性染料はイオン結合で染色。

HC染料は浸透による染色。

塩基性染料の染色の仕組み

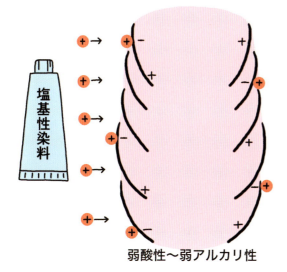

塩基性染料はプラスの電荷を持っています。毛髪のマイナスの電荷をもつ部分とイオン結合をして染色します。

HC染料の染色の仕組み

HC染料は、酸性染料や塩基性染料のようにイオン結合はしません。単に、色素が毛髪内部に浸透して染色します。ただし、比較的色素分子が小さいので、毛髪内部の深い部分まで浸透します。

column 7 Proposal on the same day of hair color and perm
ヘアカラーとパーマの同日施術提案

パーマとカラー同日の施術は、基本的にNGです。しかしサロンでは時間短縮やメニュー提案などでパーマとカラーを同日に施術する場合があります。なぜ、どのような場合に、パーマとカラーの同日施術の提案が可能なのかを解説します。

パーマ剤は医薬部外品に分類されます。これは縮毛矯正剤も同じです。パーマ剤の使用上の注意事項に「パーマ施術の前後1週間は染毛（酸性染毛料を除く）しないでください。毛髪を著しく傷めたり、かかり具合に影響があります。」とあります。染毛剤の注意事項にも同様の内容が記載されています。つまり、医薬部外品同士のパーマ剤、染毛剤はその使用前後1週間の間隔をあけてくださいということです。医薬部外品のパーマとカラーを同日施術する以外に法律上の規定がないため、パーマ、カラーのどちらかが化粧品であればパーマ（カーリング料）とカラーの同日施術が可能であるということになります。

なぜ、パーマ剤と染毛剤は、1週間あけなければならないのでしょうか。パーマ剤では1剤中のアルカリ剤と還元剤により毛髪が軟化します。2剤で酸化して再結合しますが、2剤には1剤のアルカリ剤を中和できる酸は配合されていませんので、アフター酸リンス等でアルカリを中和します。一方、染毛剤では主に1剤中のアルカリ剤で活性化された2剤中の過酸化水素による強い酸化作用で脱色及び染色を行います。パーマや染毛剤の施術は、誤った使用方法や過度の操作を行うと毛髪中のケラチンタンパク質に影響をおよぼします。このようにパーマ剤の施術と染毛剤の施術は、危険と背中合わせの施術なのです。施術直後は、パーマ、染毛剤いずれの反応も不安定です。毛髪だけでなく、頭皮も毛髪と同様に負担がかかっています。このような毛髪や頭皮の状態のときのパーマと染毛剤の施術は確実に毛髪や頭皮を損傷させてしまいます。パーマや染毛剤の施術後約1週間で安定した状態になります。以上の観点から、パーマ及び染毛剤施術後1週間以上間隔を空けることが義務付けられているのです。

法律上、同日施術が可能な製品カテゴリーは、カラー剤関係では、染毛剤以外のヘアマニキュア、HC染料や塩基性染料を使用したカラートリートメント、植物染料を使用した染毛料などの化粧品に分類される染毛料が該当します。パーマ剤関係では、化粧品のカーリング料が該当します。

サロンにおける「染毛剤とパーマ剤」の同日施術は法律上・安全上施術できませんが、染毛料やカーリング料を組み合わせることで、提案可能となります。

また、化粧品のカーリング料のストレート施術タイプの製品は、1液操作、水洗後に染毛剤施術の提案が可能です。医薬部外品の縮毛矯正剤は、必ず1、2剤を続けて使用する必要がありますが、化粧品は各々の製品で完結しますので、直後の染毛剤の使用が可能です。時短メニューに良い手法です。

パーマ施術直後や染毛剤施術直後は毛髪や頭皮が不安定であるため薬剤の選定、お客様の毛髪の状態等施術には十分な注意が必要です。

法律で問題ないからといって安易にパーマ（カーリング料）とヘアカラーを同日施術すると毛髪を損傷させてお客様とのトラブルになりかねません。パーマ（カーリング料）とヘアカラーの同日施術の実施は、毛髪の状態やお客様の健康状態など十分注意して施術する必要があります。

パーマ（セット料）	部外品	化粧品	部外品	化粧品
	▼	▼	▼	▼
カラー	部外品	部外品	化粧品	化粧品
施術の有無	×	○	○	○

Chapter 8

Hair Styling

スタイリング　〜適切なスタイリング剤を選ぶために〜

スタイリング剤には様々な用途、製品があります。
過去の製品は単にスタイルを作るための製品であったのに対し、
近年はベース剤としてのアウトバストリートメント等の台頭により、
様々な場面でスタイリング剤が使用されるようになりました。
この章では、適切なスタイリング剤をどの場面でどのように使用するのかを理解し、
お客様のニーズにあったスタイリングをしていきましょう。

Chapter 8 ①

TYPES of HAIR STYLING/FIXATIVE PRODUCTS

スタイリング剤の種類と特徴

固める力のあるスタイリング剤と再整髪性に優れたスタイリング剤

スタイリング剤には、ヘアスプレー、ヘアフォーム、ヘアジェル、ヘアワックスといった様々な種類（剤型）の製品があります。これらは毛髪のセット成分によって、「樹脂タイプ」と「ワックス（ロウ）タイプ」に大別されます。

最初に「樹脂タイプ」のスタイリング剤としては、ヘアスプレー、ヘアジェル、ヘアフォーム、ヘアミスト等があります。これらは乾燥に伴い被膜を形成する樹脂の性質を応用したもので、毛髪表面に付着した樹脂が毛髪同士を接着させます。樹脂にはいろいろな種類のものがあり、そのイオン性（アニオン性、両性、カチオン性、ノニオン性）や大きさ（重合度）、中和の有無（イオン性のある樹脂）や中和剤の種類によって性質は異なります。これら樹脂の性質が製品の主な特徴を決定します。例えば、水に溶けにくい樹脂を使用したスタイリング剤は湿度の影響を受けにくいため、セットは崩れにくくなりますが、シャンプーで洗い落としづらくなります。また、硬い樹脂を使用するとセット力は高まるのですが、ブラッシング時のフレーキング（粉吹き）が起きやすくなります。

「樹脂タイプ」のスタイリング剤であるヘアスプレーには、樹脂を溶かす液体（溶剤）として主にアルコールが使用されます。これは樹脂と噴射ガスとの相溶性を高め、噴霧時の粒子を細かくすることと、噴霧後の速乾性を高めるためです。ヘアフォームでは一般的に水に溶けやすい樹脂が用いられ、起泡剤として界面活性剤も配合さ

れるため、樹脂が可塑化されて柔らかい皮膜となります。これにより、ヘアスプレーよりもセット力は弱くなる反面、フレーキングは少なくなります。ヘアジェルにおいても、ヘアフォームと同様に水に溶けやすい樹脂が一般的に使用されますが、ヘアフォームよりも樹脂量を多く配合できるため、セット力を高めることが可能です。樹脂を含むヘアミストは、溶剤として水とアルコールの混液が使用される場合が多く、またブロー時の摩擦や熱から毛髪を保護するために、シリコーン等の油性成分や保湿成分を配合しているものがあります。

次に「ワックス（ロウ）タイプ」のスタイリング剤についてです。その代表例であるヘアワックスは、「ワックス（ロウ）」の粘着性を応用したものです。ヘアワックスに含まれる水の蒸発に伴ってその粘着性は高まり、毛髪同士を接着します。ワックス（ロウ）は樹脂のように乾燥してもフレーキングが起きにくく、一度ヘアスタイルが崩れても再整髪できるという特徴があります。

これらセット力を持つスタイリング剤以外に、アウトバストリートメントもスタイリング剤として分類されることがあります。これらの剤型には、オイル、クリーム、ミルク等があり、主にシリコーン等の油性成分を配合したものです。手触りやまとまりを良くするとともに毛髪のツヤを向上させるもので、ベース剤として使用されるものです。

以上のようなスタイリング剤の特徴も考慮して、お客様に適したスタイリング剤をおすすめください。

スタイリング剤の種類と特徴 *Hair Styling*

セットの主体	種類	主な特徴
樹脂タイプ	ヘアスプレー	主な成分は、樹脂、アルコールなど。ヘアスタイルの保持力に優れ、セット後の仕上げ剤として使用される。皮膜が硬いため、付け過ぎたり、乾燥後にコーミングするとフレーキング（粉吹き）することもある。
	ヘアフォーム	主な成分は、樹脂、起泡剤、カチオンポリマー、シリコーン誘導体、油性成分、PPT、保湿剤など。一般的にヘアスプレーよりもセット力は弱く、湿度に弱い。ヘアスタイルの保持、帯電防止、寝グセ直し、クシ通り向上など、多種多様の機能の製品がある。
	ジェル	主な成分は、樹脂、シリコーン、保湿剤など。強いセット力を持つもの、クシ通りを向上させるもの、ウェット感を持続させるものなど多種多様の機能の製品がある。
	ヘアローション ブローローション	主な成分は、樹脂、油性成分、シリコーン、保湿剤など。ドライヤーの熱から髪を守ったり、スタイリング前に使用しヘアスタイルを整え易くする。一般的にセット力は弱い。
ワックス（ロウ）タイプ	ヘアワックス	主な成分は、カルナウバなどの固形油分、乳化剤など。水分が蒸発することで、毛髪上に残った油性成分で髪をセットする。髪を固めた感じを与えない仕上がりで、指を通せ、スタイルを作り直せる再整髪機能を持つ。
アウトバストリートメント	オイル・クリーム・ミルク等	主な成分は、シリコーン等の油性成分など。手触りやまとまり、毛髪のツヤをよくする。

column 8 — About silicone

シリコーンについて

「シリコーン」と呼ばれたり、「シリコン」と呼ばれたりもしますが、どちらの名前が正しいでしょう。正解は「シリコーン」で、伸ばす方が正しい呼称です。「シリコン」とは、ケイ素からなる金属のことを指し、主に半導体などに使われます。「シリコーン」は、「シリコン」を原料としてケイ素と酸素を交互に結合させたシロキサン構造を基本骨格とした化合物です。ヘアケア商品などの化粧品に用いられるのは、「シリコーン」の方です（表❷参照）。

シリコーンは、1980年代後半に発売された枝毛コート剤から本格的にヘアケア商品に使用されるようになりました。少量でも優れた滑りとツヤを与え、当時流行したロングストレートヘアに大変適した素材として広く使用されるようになりました。シリコーンは、ケイ素と酸素が交互に結合された化合物ですが、結合する長さによって、様々な性状が得られます。結合する長さが長いと、固形（ガム状）になり、結合の長さが短いとサラサラのオイルとなります。

また、シリコーンの骨格に、様々な成分を結合させ、シリコーンの性能を変化させることもあります。例えば、アミノ基という成分を結合させたものが、「アミノ変性シリコーン（アモジメチコン）」と呼ばれます。このタイプのシリコーンは、アミノ基が毛髪に大変なじみ易いため、毛髪への吸着力が高く、ダメージ補修に特に効果があります。その他、代表的なシリコーンを表にまとめます（表❶参照）。

最近、ノンシリコーンシャンプーと呼ばれる商品があふれています。シリコーンが毛穴に入ってふさいでしまうとか、シリコーンが毛髪の表面に皮膜を作って、カラーが染まらなくなる、パーマがかからなくなるなどと言われることもあります。

しかし、シリコーンが毛穴をふさいでしまうという事実は確認されていませんし、カラーやパーマに影響を与えることもありません。

シリコーンの特徴として、

- 表面張力が低く、濡れ広がりやすい
  （一か所に留まらない）
- 酸素や水蒸気などのガスを透過させやすい
  （水蒸気を通し、蒸れにくい）
- 熱や紫外線に強い
  （ドライヤー、アイロンの熱や紫外線で変質しない）
- 刺激が少ない
  （頭皮などへの刺激が低い）
- 生体安定性に優れる
  （ヒトの健康への影響が低い）

これらのシリコーンの特徴を見る限り、シリコーンが毛穴を詰まらせて、頭皮の状態を悪くしたり、皮膜を作って悪影響を及ぼすということは考えにくいと思います。

このようにシリコーンは、ヘアケアに大変適し、なおかつ安全性が高く、安定な素材です。今後も、様々な機能を持ったシリコーンが開発され、ヘアケアの進化に大きく寄与すると思います。

表❶
代表的なヘアケア用シリコーン

種類	表示名称例	主な特長	主な仕様商品
ジメチルシリコーン	ジメチコン ジメチコノール	サラサラ、滑らか触感	リーブイン リンスオフヘアケア商品全般
アミノ変性シリコーン	アモジメチコン アミノプロピルジメチコン	滑らか しっとり触感 ダメージケア	リンスオフヘアケア商品
ポリエーテル変性シリコーン	ジメチコンポリオール PEG／PPG-O／ジメチコン	しっとり触感 濡れ広がり性	リーブインヘアケア商品
フェニニ変性シリコーン	フェニルトリメチコン ジフェニルジメチコン	ツヤ、油性との親和性	リーブインヘアケア商品

表❷
シリコーンができるまで

ケイ石（SiO₂）
ケイ素（Si）は、自然界にはSiO₂として存在。

電気分解して酸素を取る（還元する）

金属ケイ素（Si）シリコン（Silicon）
金属ケイ素がつくられる。

塩化メチルで反応・精留させる

クロロシラン
シリコーンのもとになる各種クロロシランがつくられる。

さらに加水分解・重合する

各種シリコーン（Silicone）
各種シリコーンがつくられる。

基礎用語集

サロンワークに必要な「基礎ケミカル用語」を厳選しました。
用語を正しく理解するために、類似の用語や、
対になる用語（反対の意味の用語）も併せて付記しました。

アウトバストリートメント

お風呂の外で使う、洗い流さないトリートメントのことです。その種類には、オイル、ミルク、クリームなどがあります。

アニオン界面活性剤（陰イオン界面活性剤）

水に溶かしたとき、親水基がマイナスに帯電する界面活性剤です。洗浄性、起泡性に優れており、家庭用の洗剤、シャンプーに多く使用されます。代表的な成分としては、石けん（脂肪酸ナトリウム）やラウリル硫酸ナトリウムがあげられます。マイナスイオンを持ちますのでプラスイオンを持つ物質と結合して効果が失われます。

→界面活性剤

アミノ酸

同一の分子内に酸性のカルボキシル基と塩基性のアミノ基を持った両性の化合物。皮膚や毛髪をはじめ、タンパク質を構成する単位であり、タンパク質を酸、アルカリまたは酵素で分解すると得られます。天然には約20種類存在し、このうち一般的にヒトの体内では合成されず、食物として摂取する必要のある8種類のアミノ酸を必須アミノ酸といいます。

→タンパク質

アルカリ剤

パーマ剤や染毛剤などにアルカリ度およびpH上昇の目的で添加する水に溶かすとアルカリ性を示す物質を指します。アルカリ剤は有機アルカリと無機アルカリに大別され、パーマ剤や染毛剤には主に有機アルカリでは、モノエタノールアミンや塩基性アミノ酸であるアルギニンなどが、無機アルカリではアンモニア水や炭酸水素アンモニウムなどが使用されます。

アンモニア水を除き、一般的に有機アルカリのほうが無機アルカリよりも毛髪を膨潤する力が強いため、パーマ剤や染毛剤は強い効果を発揮することができます。

→酸、アルカリ性

アルカリ性

pH7以上の水溶液の状態をいい、pHの数値が大きいほど高いアルカリ性を示します。しかし、pHの数値にはアルカリ剤の種類や濃度は反映されませんので、注意が必要です。

アルカリ性を示す物質は、水溶性の塩基と呼ばれるもので、水に溶かすと水酸イオン（OH）を生じます。つまり、アルカリ性は水酸イオンが多い状態を指します。

毛髪は、弱酸性に強くアルカリ性に弱い性質を持ちますが、パーマ剤はアルカリ性側で毛髪の膨潤度および還元力が強くなるため得られる効果は強くなります。

→酸性、アルカリ剤、等電点

アルカリ度

パーマ剤や染毛剤に含まれるアルカリ剤の総量を中和するのに必要な塩酸量を指します。アルカリ度は配合したアルカリ剤の量が多くなるほど高くなるのに対し、pHはある程度まで上昇したらそれ以上配合量を増やしてもあまり高くならない性質があります。

→アルカリ剤

α-ケラチン

天然のケラチンタンパク質を構成するポリペプチド主鎖がラセン状の立体構造をしている状態を指します。毛髪を引き伸ばすとジグザグ状のβ-ケラチンに変わり、力を抜くと元のα-ケラチンに戻ります。

→β-ケラチン、ペプチド結合

アレルギー性接触皮膚炎

アレルギーの原因物質が付着した直後〜48時間後に発生する皮膚炎で、一度発症するとその原因物質に接触するたびに発症します。アレルギーを持った特定の人にのみ皮膚炎を発症する点で一次刺激性接触皮膚炎とは異なります。合成化学物質をはじめ、植物や金属類等、様々なものが原因物質となり得ます。

→一次刺激性接触皮膚炎
→パッチテスト

イオン

水に溶けて電荷を帯びた状態の原子または原子団をイオンといいます。正の電荷を陽（＋）イオン、負の電荷を陰（−）イオンといい、陽（＋）イオンと陰（−）イオンは互いに引き合い結合する性質を持ちます。

イオンと同じ意味合いで使用される電荷は、空気中も含めて、その物質の電気的な性質を指します。静電気がその例で、毛髪をブラッシングすると毛髪はマイナスに帯電し、ブラシはプラスに帯電します。このような場合、ブラシは「プラスの電荷を持つ」といいます。

→カチオン化、塩結合（イオン結合）

一次刺激性接触皮膚炎

皮膚に対する刺激性物質によって発症する皮膚炎をいいます。アレルギー性皮膚炎が、特定の人にしか発症しないのに対し、一次刺激性接触皮膚炎は、原因物質の濃度や接触時間がある一定の限度以上であれば、原因物質と接触した大部分の人が接触した場所に発生する炎症です。

→アレルギー性接触皮膚炎

医薬部外品

薬機法上の分類で、医薬品と化粧品の中間的な位置付けの製品を指し、パーマ剤や染毛剤、薬用化粧品などが相当します。人体に対する作用が穏やかで、有効成分を含み、その有効成分の力で効能・効果を発揮するものです。

→化粧品、有効成分

塩（えん）

酸性の物質とアルカリ性の物質とを混合すると、双方の性質を打ち消し合う反応（中和反応：pHを中性に近づける反応）が起こり、この時できる新たな物質を塩（えん）といいます。たとえば、塩酸と水酸化ナトリウムを反応させると塩化ナトリウム（食塩）ができますが、塩化ナトリウムは反応前の塩酸の性質も水酸化ナトリウムの性質も失って新たな性質を持つようになります。パーマ剤の有効成分であるチオグリコール酸アンモニウムや臭素酸ナトリウムなども塩の一種です。

→塩結合（イオン結合）

塩結合（イオン結合）

化学結合の一つで、陽（＋）イオンと陰（−）イオンとの、電気的な力による結合で、イオン結合とも呼ばれます。

毛髪の場合、毛髪ケラチンの側鎖結合（架橋結合ともいいます）の一つとして、ジスルフィド結合（シスチン結合やS-S結合とも呼ばれます）と並んで重要な結合です。

結合の強さは、ジスルフィド結合よりも弱く、水素結合よりも強い、中間的な位置付けです。毛髪

109

のpHが等電点 (4.5 〜 5.5) を外れると、結合力は弱くなり、パーマ剤のアルカリ剤の力で切断されます。そして、再度pHが等電点に戻されますと再結合します。

→等電点、ジスルフィド結合、側鎖結合

塩基

水に溶かすと水酸イオン (OH⁻) を生じ、液をアルカリ性にします。アルカリ剤は塩基を含むため、アルカリとして働きます。

→酸性、酸、アルカリ性、アルカリ剤

界面活性剤

一つの分子中に親水基と親油基の両方を持っており、溶液の表面や界面 (液体と気体の境目など) の性質を変化させる作用を持った物質です。水に溶かしたときの親水基の状態によって大きく四つに分類されます。おのおのの得意とする機能を持ち、その機能を生かすように使い分けられます。

・アニオン (陰イオン) 界面活性剤:
　親水基の部分がマイナス (−) イオンになる
・カチオン (陽イオン) 界面活性剤:
　親水基の部分がプラス (＋) イオンになる
・両性界面活性剤:
　親水基の部分がpHの状態によって
　マイナスにもプラスにもなる
・ノニオン (非イオン) 界面活性剤:
　親水基の部分がイオンの形にならない

→カチオン界面活性剤、両性界面活性剤
　ノニオン界面活性剤、乳化剤、浸透剤

加水分解

物質が水と反応して分解することをいいます。化粧品類には、加水分解ケラチンや加水分解コラーゲンが配合されますが、それぞれケラチンタンパク質やコラーゲンタンパク質を酸、アルカリあるいは酵素などの水溶液中で小さく分解したものです。もともとタンパク質は水に不溶なため、小さく分解することで水に可溶として製品に配合しやすくしたものです。

加水分解ケラチンは、分子量にもよりますが、一般的に毛髪の弾力アップ効果、皮膜形成効果があり、加水分解コラーゲンは一般的に皮膚や毛髪に対して親和性が高く、保湿効果、保護効果があります。

→添加剤、ペプチド結合

カチオン化

もともとは電荷を持たない物質に、プラスの電荷を持たせる化学的な操作 (化学修飾といいます) をカチオン化といいます。

毛髪や皮膚は通常マイナスに帯電している

ため、プラスイオンと結合しやすい状態にあります。そのため、プラスに帯電した物質は電気的に結合し、量的に多く吸着させることができるようになると共に、カチオン界面活性剤の性質も併せ持つようになるため、コンディショニング効果や帯電防止効果などが得られるようになります。カチオンポリマーやカチオン化セルロース、カチオン化PPTなどが化粧品類に配合されます。

→イオン、カチオン界面活性剤

カチオン界面活性剤 (陽イオン界面活性剤)

水に溶かしたとき、親水基がプラスに帯電する界面活性剤です。柔軟効果、帯電防止効果、殺菌作用などを持ち、繊維の柔軟剤、ヘアリンスやヘアトリートメント剤に配合されます。プラスイオンを持ちますので、マイナスイオンを持つ物質と反応し、双方のイオン性を打ち消し合い (双方の効果が消失します)、アニオン界面活性剤と水不溶性の凝集物を形成します。また、殺菌作用を利用して逆性石けんに使われるものもあります。

→界面活性剤

還元

物質が酸素を失ったり、水素と化合したり、または原子やイオンが電子を得る化学反応のことを還元といいます。パーマ剤1剤の作用は、ジスルフィド結合 (S-S) に水素を与えて切断します (-SH HS-) ので還元です。なお、還元と反対の化学反応が酸化です。

→酸化、酸化剤、酸化還元反応
　ジスルフィド結合

還元剤

ある物質を還元する力を持つ物質を還元剤といいます。パーマ剤1剤に使用されるチオグリコール酸やシステインには、他の物質 (毛髪) に水素を与えるような機能 (-SH:チオール基を構造中に持ち水素を相手の物質に与える) が備わっていますので、還元剤として働きます。還元剤は、相手の物質を還元し (水素を与える)、還元剤自身は酸化されます (水素が奪われる)。

→還元、酸化剤、チオール基

緩衝作用 (バッファー作用)

ある溶液に酸やアルカリを加えてもpHの変化が少なく、同一のpHを保とうとする作用をいいます。パーマ剤や染毛剤の残留アルカリを中和する目的で使用する酸リンスなどは、この緩衝作用を持つものが多いようです。

→残留アルカリ

間充物質

コルテックス (毛皮質) の反応性に富む部分で、結晶領域の間を埋めているため、このように呼ばれます。マトリックスや非結晶領域とも呼ばれます。

→非結晶領域、結晶領域

キューティクル

毛小皮ともいい、毛髪を構成する3つの層の一番外側の層です。半透明でウロコ状のものが4 〜 10枚、たけのこの皮のように平たく重なってできています。コルテックスを包み込み、守る役割があります。

化学的作用に強く毛髪内部を守る役割があります。一方で、物理的作用に弱く、剥がれ落ちてしまいます。

→コルテックス

化粧品

薬機法上の製品の分類で、人体に対する作用が緩和なもので、化学的な反応を伴わず、物理的な作用を持つものです。医薬部外品とは異なり、ある特定の成分で効能を発揮するのではなく、その製品全体の作用で効能が発揮されます。つまり、化粧品には有効成分は存在せず、主体となる成分 (主成分) と添加剤で構成されます。通常のシャンプー (ふけ取りシャンプーは医薬部外品です) やトリートメント、染毛料 (ヘアマニキュア)、ヘアクリームなどが化粧品です。

→医薬部外品、薬機法、有効成分

結晶領域

コルテックス (毛皮質) 内に縦状に分布する繊維状の硬質ケラチン (フィブリルといいます) の束の部位を指します。規則正しい構造を持ち、化学的に反応し難い部位で、パーマ剤や染毛剤程度の力では変化しません。

→非結晶領域、間充物質

コルテックス

毛皮質とも呼ばれ毛髪を構成する3つの層の中間部の層です。毛髪の85 〜 90%を占め、繊維状のケラチンタンパク質からなり、結晶領域、非結晶領域に分けられます。メラニン色素が存在し、パーマ剤や染毛剤が主に作用する部分です。

→タンパク質

酸

水に溶かすと水素イオン (H⁺) を生じ、すっぱい味を呈し、液を酸性にします。クエン酸やリンゴ酸、リン酸などがあり製品を酸性に保つ

110

ためのpH調整剤として配合されます。

→酸性、塩基、アルカリ剤

酸化

物質が酸素と化合したり、水素を失ったり、または原子やイオンから電子が失われることを酸化といいます。パーマ剤2剤の作用は、1剤で切断されたジスルフィド結合 (S-S) が水素を失って再結合する (-S-S-) ので酸化です。なお、酸化の反対の化学反応が還元です。

→還元、酸化剤、酸化還元反応

酸化還元反応

通常、酸化反応と還元反応は同時に起こり、ある成分が酸化されると、他の成分は同時に還元されます。この反応を酸化還元反応といい、通常発熱を伴います。

パーマ剤1剤を例に取ると、毛髪とチオグリコール酸が反応し、毛髪中のジスルフィド結合 (S-S) はチオグリコール酸から水素を与えられて切断されます (-SH HS-) ので還元反応です。この時チオグリコール酸は毛髪に水素を与えた (自身から水素失った) ため、酸化反応が起こったことになります。

また、還元剤であるチオグリコール酸 (原料本体) と酸化剤である臭素酸塩 (原料本来) を混合すると、この酸化還元反応が急激に起こり発火します。

→酸化、酸化剤、還元、還元剤

酸化剤

相手の物質を酸化する作用を持つ物質をいいます。パーマ剤では2剤が酸化剤です。2剤には、臭素酸塩や過酸化水素などの酸化剤が配合されています。

→酸化、酸化還元反応、還元、還元剤

酸性

水溶液のpHが7未満の場合をいい、pHの数値が小さいほど強い酸性を示します。酸性を示す物質は、水に溶かすと水素イオン (H^+) を生じます。つまり、酸性は水素イオンが多い状態を指します。また、毛髪の等電点は4.5～5.5の弱酸性にあるので、この付近のpHでは、毛髪は安定で、膨潤度および還元力が低いため、パーマ剤で得られるウェーブ効果は弱くなります。

→アルカリ性、酸、塩基、等電点

残留アルカリ

アルカリ性のパーマ処理や染毛剤処理の後に毛髪に残ったアルカリをいいます。アルカリ性物質は、酸性物質よりも皮膚や毛髪との親

和性が高いため、水で洗い落ち難い性質があります。残留アルカリは毛髪を傷める原因になりますので、酸性の製品などで処理し、等電点に戻す必要があります。

→緩衝作用、アルカリ性、等電点

シスチン結合

ジスルフィド結合の別の呼び方です。

→ジスルフィド結合、塩結合 (イオン結合)
　側鎖結合

ジスルフィド結合

イオウ (S) を含むケラチンタンパク質に特有な側鎖結合です。ケラチン繊維のポリペプチド主鎖から出ている枝 (側鎖) のシステイン同士が-S-S-の形で結合したもので、SS結合またはシスチン結合とも呼ばれます。この結合が、ケラチンタンパク質に、特異な弾力性・可塑性・強度などの性質を与えています。機械的には非常に丈夫な結合ですが、還元剤で切断され、酸化によって再び元の形 (-S-S-の形) に戻ります。パーマ剤は、この化学反応を利用したものです。

→塩結合 (イオン結合)、側鎖結合
　シスチン結合

臭素酸塩

臭素酸を含む化合物の総称で、臭素の元素記号はBrなのでブロム (ブロム酸) とも呼ばれます (この呼び方は化学的には間違いですが…)。パーマ剤2剤では、臭素酸ナトリウムと臭素酸カリウムがありますが、水への溶解性に優れる臭素酸ナトリウムが主に使用されます。

→酸化、酸化剤、還元剤、還元

樹脂

ポリマーとも呼ばれ、天然樹脂と合成樹脂があります。近年、化粧品に使用されているのは、ほとんどの場合、合成樹脂です。化学構造によって、粘着性、粘度など自由に変化させることができ、毛髪のセットやシャンプーのきしみ感の除去など、ヘアケアの多くの場面で使用されています。スタイリング剤では、主に樹脂の被膜形成力を応用したヘアスプレー等に使用されています。

→添加剤、増粘剤

シリコーン

化学的にはシロキサン結合を骨格とした高分子有機化合物 (ポリマー) の総称で、固形のものから液状のものまで様々なものがあります。シリコーンは無色・無臭で撥水性を持ち、変質し難い性質を持ちます。固形のものは哺

乳瓶の吸い口などに用いられます。

化粧品類に使用されるのは、シリコーンオイルまたはシリコーン樹脂と呼ばれるもので、無色透明の油状液体またはゴム状のものです。

形態の違いは重合度の違いによるもので、ゴム状 (高重合物) のものはクシ通り性の向上に抜群の効果を発揮します。液状のものは、保湿性と共に撥水、ツヤ出し効果などを持ちます。シリコーンというと毛嫌いする方もいるようですが、安全性や有効性に優れた原料ですので、頭髪化粧品類には必須の原料として汎用されています。

→添加剤

親水基

水となじみやすく、油とはなじみにくい性質をもつ基 (原子団) で疎油基ともいいます。親水基が多ければ化合物の水に対する溶解度は増加します。代表的な基としては、水酸基 (-OH)、アミノ基 ($-NH_2$) があります。親油基との組み合わせで界面活性剤となる分子を構成します。

→親油基、界面活性剤

浸透剤

ある物質の浸透する時間を短縮したり、深部まで作用させる目的で添加する助剤を指します。毛髪に作用させる製品では、コルテックス内に浸透させることが目的ですので、一般的に親水性の界面活性剤が使用されます。また、酸性染毛料 (ヘアマニキュア) では、酸性染料の浸透剤としてベンジルアルコールなどの溶剤が用いられます。

→染毛料、添加剤

親油基

水とはなじみにくく、油となじみやすい性質をもつ基 (原子団) で疎水基ともいいます。鎖状 (アルキル基) 及び環状炭化水素基 (例:フェニル基) などがその例であり、一般に炭素鎖が長くなるにつれ、また環が大きくなったり、数が増すことにより親油性は増加します。親水基との組み合わせで界面活性剤となる分子を構成します。

→界面活性剤、親水基

染毛剤 (酸化染毛剤)

一般的に1剤に有効成分の酸化染料が配合され、2剤の酸化剤で酸化染料を酸化して有色の染料を生成させます。このような化学反応を伴って毛髪を染める医薬部外品のヘアカラーを染毛剤といいます。酸化染料が1剤に含まれるため「酸化染毛剤」との表現が正しく、

白髪染めやおしゃれ染めなど最も広く用いられています。毛髪中に染料を、水に不溶な色素として固着しますので、シャンプーでも色が落ちず、染毛効果が2〜3か月持続します。

また、酸化染料の中には、まれにアレルギー反応を起こすものもありますので、使用前のパッチテストが義務付けられています。

なお、パーマ剤や他の染毛剤（脱色剤を含む）との同日施術は、毛髪損傷や皮膚刺激を引き起こす可能性が高まるため、1週間以上の間隔を空けることが使用上の注意に明記されています。

→染毛料、有効成分

染毛料

化粧品のヘアカラーを指し、物理的に毛髪を着色するものです。1回のシャンプーで落ちてしまうもの（ヘアマスカラなど）と、ある程度色が持続するものがあります。

後者には酸性染料を用いた酸性染毛料（ヘアマニキュア）や、HC染料や塩基性染料を用いた染毛料（ヘアカラートリートメントなどと呼ばれるもの）などがあります。医薬部外品の染毛剤（酸化染毛剤）が化学反応によって染毛するのに対して、化粧品の染毛料は浸透や吸着といった物理的な力で染毛するため、色の持続期間は短くなります（酸性染毛料で2〜3週間程度）。

なお、化粧品の染毛料は、パーマ剤や染毛剤との同日施術を妨げるような使用上の注意はありません。

→染毛剤、化粧品

増粘剤

製品に粘性を与える物質のことをいい、適度な粘性を保つことで使いやすさや感触を向上させるために使用します。同じ目的で使用される製品同士の比較で、高粘度製品は低粘度製品より配合される成分の濃度が高いと勘違いしている方も多いと思いますが、一般的には増粘剤の量や質の違いで低粘度品から高粘度品まで幅広い製品を得ることができます。製品の粘度の違いは濃度を反映するのではなく、操作性などに特徴を出すためのものです。

→添加剤

側鎖結合

鎖状の長い分子から分岐した小枝状の部分を側鎖といい、この側鎖同士の結合を側鎖結合と呼んでいます。ケラチンタンパク質の場合、その主なものはジスルフィド結合・塩結合（イオン結合）・水素結合などですが、隣りあったポリペプチド鎖同士が、橋をかけたように結びついているので、橋かけ結合（架橋結合）とも呼ばれます。

→ジスルフィド結合、塩結合（イオン結合）
　シスチン結合

タンパク質

種々のアミノ酸が結合してできた高分子化合物です。生物の重要な構成成分で、英名ではプロテインと呼ばれます。アミノ酸の構成成分の違いにより、ケラチン（毛髪）、コラーゲン（腱、皮フ）、フィブロイン（絹）あるいはカゼイン（牛乳）など種々のタンパク質があります。

→加水分解

チオール基

水素化された硫黄を末端に持つ有機化合物でメルカプタンとも呼ばれます。構造的にはR-SH（Rはアルキル基）で表され、チオグルコール酸やシステイン、システアミンなどの還元剤に存在します。チオール基に含まれる水素（H）を相手の物質に与えますので、還元剤として働きます。

→還元、還元剤

添加剤

ある製品に付加価値を与えたり、安定性を向上させたりする目的で配合される助剤です。あくまでも助剤ですので、添加剤によってその製品の効果などの本質が飛躍的に変わることはありません。

→有効成分、シリコーン、増粘剤、浸透剤
　カチオン化、加水分解

電荷

物質の電気的な性質のことで、プラスの正電荷とマイナスの負電荷があります。正電荷同士、負電荷同士は反発し合い、正電荷と負電荷は引き合います。通常、物質は同じ数の正電荷と負電荷を持っていて、電気的には平衡を保っていますが、何かの原因でそのバランスが崩れた場合、正または負電荷の数の多い分だけその物質は電気を帯び、これを帯電と呼びます。水に溶かす、pHを変化させる等で配合成分の電気的平衡を崩し、帯電させて髪とその成分を引き合わせるなど、ヘア製品は電荷の性質を多く活用しています。

等電点

酸とアルカリの両方の性質を持つ物質（両性物質といいます）は、pHの異なる水溶液中では、酸として作用したり、アルカリとして作用したりしますが、酸とアルカリの力が等しくなる時があります。そのときのpHを等電点とい

います。毛髪は様々なアミノ酸の複合物で、酸とアルカリの両方の性質を持ちます。そして、毛髪の等電点は、pH4.5〜5.5の範囲で、毛髪がもっとも安定した状態であるといわれています。この等電点を外れるほど毛髪は薬剤の作用を受けやすくなります。

→塩結合（イオン結合）、酸性、残留アルカリ

乳化剤

乳化とは、油が水に分散している状態、または水が油に分散している状態を指し、このような状態の製品を作るために使用する界面活性剤を乳化剤と呼びます。水と油は、それぞれの分子中に親水基または親油基の一つのみを持っているためお互いに混じり合いません。

しかし、一分子中に親水基と親油基の双方を持つ界面活性剤を加えると、親水基は水に、親油基は油に向かって集まります。すると、界面活性剤の集合物の中に水または油が取り込まれます。油が取り込まれた場合では、親水基は外側を向いていますので、この界面活性剤の塊は水に溶けることになります。つまり、油を取り込み水に溶ける（分散する）ようになるわけです。そうすると、光の屈折により白濁して見えるようになります。

このように油が水に分散している状態、または水が油に分散している状態を乳化物（エマルションともいいます）といい、クリームや牛乳がその一例です。

一般的にクリームなどの乳化剤として使用されるのはノニオン界面活性剤です。油滴が小さく、透明に溶けたようになる場合は可溶化といい、このような目的で使用する界面活性剤は特に可溶化剤といいます。

→界面活性剤、ノニオン界面活性剤

ノニオン界面活性剤（非イオン界面活性剤）

水に溶かしても、親水基がイオンの形にならない界面活性剤のことで非イオン界面活性剤ともいいます。水に可溶なものから油に可溶なものまで様々な種類があります。一般的に、クリームなどの乳化物にはノニオン界面活性剤を数種類組み合わせて使用されます。また、水に可溶なものは洗浄力には優れますが、起泡力（泡立ち）は余り持ちません。

→界面活性剤、乳化剤、カチオン界面活性剤
　アニオン界面活性剤

非結晶領域

コルテックス（毛皮質）内の結晶領域を取り巻くように存在する、非定形な柔らかい部位を指します。非結晶領域は、間充物質およびマトリックスとも呼ばれます。

非結晶領域（＝間充物質＝マトリックス）は規則性が低い構造で化学的に反応しやすいため、パーマ剤や染毛剤が作用する部位であると共に、強い作用を受けると流出して毛髪損傷の原因になります。

→結晶領域、間充物質

パッチテスト

アレルギー性接触皮膚炎を未然に防ぐために、アレルギー体質かどうかを調べる方法で、皮膚アレルギー試験とも呼ばれます。アレルギーの原因と考えられる化学物質を皮膚に貼付し、一定時間後に皮膚の変化の有無を確認します。染毛剤を使用する場合は、毎回必ず使用する2日前（48時間前）にパッチテストを行うことになっています。

→アレルギー性接触皮膚炎

表示指定成分

薬機法で表示することが義務付けられている成分で、パラベンなどがその代表です。過去にアレルギー等の研究報告があった成分のうち厚生労働大臣が指定したもので、特異体質の方などが過去にアレルギーを起こした成分を含む製品の使用を避ける目的のために表示されています。表示指定成分であってもほとんどの方には問題のない成分ですので、表示指定成分の有無で製品の安全性に差があるというものではありません。また、現在では医薬部外品（一部を除く）も化粧品も配合される全ての成分が表示されています。

→薬機法

皮脂膜

皮膚の表面で汗腺から分泌される汗と皮脂腺から分泌される皮脂が程良く混ざってつくられるものであり、毛髪表面を覆って角質層にたまった水分の蒸発を防ぐことによって皮膚を保護する役割があります。

β-ケラチン

ケラチンタンパク質を引き伸ばした立体構造で、ジグザグの形をしています。力を抜くと元のα-ケラチンに戻ります。

→α-ケラチン

ペプチド結合

同種または異種のアミノ酸同士の結合で、この結合が繰り返されて長くつながってポリペプチド鎖となります。ペプチド結合は、強い酸やタンパク分解酵素等によって加水分解され切断されます。

→側鎖結合、加水分解

pH

ピーエイチあるいはペーハーと呼ばれ、ある液体がアルカリ性か中性か酸性かを具体的な数値に表したもので、溶液中の水素イオンの濃度によって決まります。pHは0～14の数値で表し、7より小さい数値は酸性、7が中性、7より大きい数値がアルカリ性となります。

→酸、酸性、アルカリ性、アルカリ剤、アルカリ度

保湿剤

吸湿性のある物質で、周囲から水分を得てそれを保持するもののことをいいます。毛髪や皮膚に潤いを与えしっとりとした感触を与えます。グリコール類、コラーゲンなどの加水分解物、ヒアルロン酸などが使用され、チオ系パーマ剤では、システインが保湿剤として1.5％を上限として配合できます。

→添加剤

メラニン

皮膚や毛髪等に含まれる褐色～黒色の顆粒状の生体色素です。メラニンはヒトでは黒色のユーメラニンと黄色のフェオメラニンが存在し、この2種類のメラニンがさまざまな比率で混合されて毛髪や皮膚色を決定づけます。金髪ではほとんどがフェオメラニンで、黒髪はユーメラニンが主体となります。ユーメラニンは紫外線を吸収することで細胞を保護しています。

→コルテックス

薬機法

正式な名称は「医薬品、医療機器等の品質有効性及び安全性の確保等に関する法律」ですが、略称として「薬機法」を用いています。

薬機法は医薬品、医薬部外品、化粧品および医療機器について、製造、販売、品質および性能などの基準、取扱い、広告などに関する事項を規制し、これらの品質、有効性及び安全性を確保することを目的として制定された法律です。法律ですから、これを守らないと罰則があります。

→化粧品、医薬部外品

有効成分

医薬品または医薬部外品の有効性（効果）を発揮させる成分をいいます。パーマ剤の場合、チオグリコール酸、システイン類、臭素酸塩、過酸化水素水などが、酸化染毛剤では酸化染料が有効成分となります。

有効成分が作用して効能・効果を発揮するものですから、効能・効果の目的以外に配合される成分は全て添加剤になります。

なお、化粧品には有効成分は配合されていませんので、特定の成分が効能を発揮するのではなく、製品全体で作用します。

→医薬部外品、化粧品、薬機法、添加剤

両性界面活性剤

水に溶かしたとき、親水基がその溶液のpHによってプラスにもマイナスにも帯電する界面活性剤です。この界面活性剤は、個々に固有の等電点を持ち、それよりアルカリ性側ではマイナスに帯電してアニオン界面活性剤の性質を示し、また酸性側ではプラスに帯電してカチオン界面活性剤の性質を示すという、両方の性質を持ちあわせています。この界面活性剤には、眼への刺激が少なく、洗浄力がマイルドなものが多いため、ベビーシャンプーなどに使用されると共に、通常のシャンプー剤にもアニオン界面活性剤と併用して汎用されています。

→界面活性剤、カチオン界面活性剤
　アニオン界面活性剤

ワックス（ロウ）

固形の油脂、オイルなどのこと、日本語でロウといいます。

高級脂肪酸と高級アルコールのエステルで、自然界には動物性ロウ（ミツロウ、鯨ロウ、ラノリン等）、および植物性ロウ（カルナウバロウ、キャンデリラロウ、コメヌカロウ、モクロウ等）があり、化粧品類に幅広く使用されています。

なお、ヘアワックスは、これらの固形の油脂などによってセット力を持たせたものです。

→添加剤

ベーシックケミカル 改訂版

執筆者／日本パーマネントウェーブ液工業組合　技術委員会

岡野みのる（株式会社アリミノ／技術委員長）
村田賢彦（資生堂プロフェッショナル株式会社／副技術委員長）
野町政司（株式会社ミルボン／副技術委員長）
村林 茂（リアル化学株式会社／ベーシックケミカル編集委員長）
永谷貴弘（株式会社アジュバンコスメティック）
緑川朋子（株式会社アリミノ）
福士幸子（近代化学株式会社）
上木正之（香栄化学株式会社）
山下純男（資生ケミカル株式会社）

山口剛弘（タカラベルモント株式会社）
石原良二（中野製薬株式会社）
沼畑圭一（日本ロレアル株式会社）
高野維斗也（株式会社ビューティーエクスペリエンス）
田中 靖（株式会社ファインケメティックス）
須藤直彦（ヘンケルジャパン株式会社）
松長克治（ホーユー株式会社 総合研究所）
新美大輔（HFCプレステージジャパン（合同））

イラストレーション／石川ともこ
デザイン／下井英二（HOT ART）
写真／板橋和裕（新美容出版）
編集／佐久間豊美（新美容出版）

参考文献
パーマの科学
月刊marcel（以上、新美容出版刊）

BASIC CHEMICAL 改訂版
定価（本体3,800円＋税）検印省略
2018年12月14日　第1刷発行

著者　　日本パーマネントウェーブ液工業組合（理事長 田尾大介）
発行者　大久保 淳
発行所　新美容出版株式会社
　　　　106-0031 東京都港区西麻布1-11-12
編集部　03-5770-7021
販売発送営業部
　　　　03-5770-1201　FAX03-5770-1228　http://www.shinbiyo.com
振　替　00170-1-50321
印　刷　太陽印刷工業株式会社

©Japan Permanent Waving Lotion Industry Association & SHINBIYO SHUPPAN Co.,Ltd.

この本に関するご意見、ご感想、また単行本全般に対するご要望などを、下記のメールアドレスでも受け付けております。
post9@shinbiyo.co.jp